초등 공부 정서보다 중요한 것은 없습니다

초등
기분 상하지 않게
공부시키기 위한
부모의 대화법

공부 정서보다

중요한 것은

없습니다

이서윤 지음

카시오페아
Cassiopeia

공부 정서를 조금
더 일찍 알았더라면

저는 어릴 때부터 공부를 싫어하지 않는 아이였습니다. 고등학교에 입학해서는 전국에서 100등 단위에 들었다며 담임 선생님이 공개적으로 '서울대 의대감'이라는 칭찬을 주저하지 않으셨죠. 하지만 그런 저 역시 스트레스에 시달렸습니다. 매번 당하는 비교, 등수가 떨어질까 조마조마한 마음은 쉽게 없어지지 않았죠. 모의고사마다 등수대로 앉았던 심화반 교실, 시험 후 전교 50등까지 학교 벽에 크게 붙여놓은 성적표는 불안감과 긴장감을 활활 타오르게 했습니다. 그것은 저의 이성을 압도했고 즐겁게 공부하던 마음마저 잡아먹었습니다. 그렇게 시작된 불면증은 수능 전날까지 계속되었죠. 한의원도 가고, 신경정신과에 가서 약도 타오고, 자기 전에 줄넘기와 운동장 돌기까지 했지만 좀처럼 나아지지 않았습니다.

새벽에 겨우 1~2시간 잠들고 학교에 가면 제대로 공부할 수 없었습니다. 밤 11시까지 계속된 야간자율학습 시간을 어떻게 보냈는지조차 기억나지 않습니다. 집에 와서 피곤한 몸을 침대에 눕히면 다시 정신이 말똥말똥해지면서 불안했습니다.

한 번도 힘든 내색을 내비치지 못하다 어느 날 엄마에게 제 마음을 간신히 꺼냈어요. "엄마, 나 정말 죽고 싶어." 그러자 엄마는 불안한 표정으로 화를 내셨어요. "그게 너 낳아준 엄마 앞에서 할 소리야?" 저는 그게 참 서운했던 것 같아요. 엄마께 얼마 전에 다시 말씀드리자, "내가 그랬었니?" 하시더라고요. 그런데 신기하죠. 엄마한테 그 말을 하고 나니 서운했던 마음이 소화되듯 쏙 하고 사라지는 거예요. 물론 엄마가 저한테 변명하거나 도로 혼내시는 등의 행동을 하지 않으셔서 그런 것 같지만, 이런 생각도 들더라고요. '이렇게 서로 소통하면 쉽게 사라질 수많은 감정을 우리는 얼마나 무겁게 짊어지고 사는가?' 하고 말이에요.

아마도 저는 엄마에게 "얼마나 힘들었니? 성적 떨어져도 괜찮아. 부담 갖지 말고 공부해."라는 말이 듣고 싶었던 것 같아요. 물론 지금은 알아요. 엄마도 함께 불안했다는 것을……. 딸이 수능을 망쳐서 자신이 희생했던 모든 것이 물거품이 될 것 같은 불안함이 '화'로 둔갑했다는 것을 말이죠. 이 예시야말로 '공부 정서'를 지키는 대화를 잘 보여주는 부분이 아닐까 생각되었어요. 우리 역시 사소한 말과 행동으로 상처를 주고받잖아요.

공부 정서는 결국 부모 손에 달려 있다

정서 조절을 조금 더 일찍 배웠다면 어땠을까 하는 생각이 듭니다. 부모님을 실망시키고 싶지 않은 마음이 스스로 진지하게 고민하는 시간까지 막아버렸던 것 같아요. 감정을 알아차리고 조절하는 방법을 몰랐고, 담대하게 생각하는 방법을 알기엔 미숙했습니다.

불안감이나 막막함 등을 다루지 못해 미끄러져 본 저는 공부를 아무리 잘해도 공부 정서가 잘 발달되어 있지 않으면 장기전에서 불리하다는 사실을 아주 잘 알고 있습니다.

'공부 정서'는 단순히 아이가 공부를 어떻게 생각하느냐에서 더 나아가 부모와 아이의 관계, 소통하는 방식, 문제를 해결하는 요령, 감정을 처리하는 과정을 모두 담고 있습니다.

책을 읽으면서 이런 생각이 드실 거예요.

"알겠는데요. 화가 나고, 열받고, 피곤하고, 막상 그 상황이 되면 절대 그렇게 되지 않아요. 아이가 왜 그렇게 행동하는지 알아도 짜증 나서 좋게 말해 주고 싶지 않아요."

맞아요. 우리는 예수도, 부처도, 전문 상담가도 아닙니다. 그렇다고 아이에게 매번 화를 내는 방식으로 문제를 해결해서 사이가 나빠지고, 급기야 부모 말이 오히려 먹히지 않는 관계로 변하는 게 좋을까요? 혹은 아이가 힘든 점을 부모님께 말하지 못해 불만만 쌓이길 바라나요?

감정은 전달되기 마련입니다. 부정적인 감정을 전하면서 아이의 마음에 생채기를 내면 그 감정은 아이의 마음속에 고스란히 쌓입니다.

처음에는 어렵습니다. 하지만 연습하고 훈련하면 악순환의 고리에서 벗어날 수 있습니다. 시간이 흐르며 아이는 부모님이 나를 위해 노력한다는 사실을 알게 됩니다. 그러면 부모님 말에 더 귀 기울이려고 하고, 부모님이 안 된다고 하는 데 이유가 있다고 생각하게 됩니다. 부모님이 과하게 요구하거나 통제하지 않는다는 사실을 경험을 통해서 알고, 내 마음이 합리적인 선에서 받아들여진다는 것을 느낍니다. 부모와 아이 사이에 강력한 신뢰가 생기고 협력적인 관계가 되면서 관계가 점점 편안해집니다. 그 과정에서 아이는 자신의 감정을 다루는 방법을 알게 되고, 공부하면서 생기는 부정적인 감정도 잘 해결하게 됩니다. 즉 공부 정서가 향상되는 것이죠. 아이가 감정을 잘 다룰 수 있으려면 당연히 부모가 자신의 감정을 다루는 데 능숙해야 합니다.

나의 마음 때문에 아이에게 화가 난다

저 역시 처음에는 아이들에게 미숙했습니다.

"너희들은 어쩌면 선생님한테 그럴 수 있니?"

10살짜리 학생들 앞에서 글썽이다 그만 눈물을 쏟아내고 말았습니다. 아무리 첫 담임이었다고 해도 3학년 앞에서 우는 것은 너무 부끄러운 일이었죠. 아이들은 일기장에 "선생님이 갑자기 울었다."라고 적어놓았더군요. 초등학생 하나 '다루지' 못하는 초등교사라니, 자괴감이 들었습니다.

다음 연도에도 3학년 담임을 맡게 되었습니다. 새 학기부터 다짐했죠. 올해는 무서운 담임 교사가 되어 '내 말 한마디에 척척 움직이는 학생처럼 만들어보리라.' 하고 말이에요. 당시에 처음으로 카카오톡이라는 것이 나왔고, 학생들은 너도나도 저를 '친구추가' 했어요. 호기심에 보이스톡이라는 것을 이용해서 저한테 전화하더군요. 몇몇 학생이 모인 것 같은 웅성웅성하는 소리가 들리더니 "선생님 바보!"이러고 끊는 겁니다. 너무 화가 났습니다.

'이제 하다 하다 이런 식으로 나를 무시하나?'

저는 다음 날 보이스톡으로 전화했던 학생을 비롯해 그 옆에 있었던 학생까지 모두 일어나라고 했습니다. 그런 뒤 종일 뒤에 서 있게 했죠. 학부모님에게 전화가 오자 아이가 무슨 행동을 했는지 아느냐며 고자질했던 기억도 함께 있습니다. 부끄러운 고백입니다(미안하다, 그때의 제자들아).

시행착오를 거치며 이제는 알게 되었습니다. 아이의 행동으로 화가 나는 것이 아니라 나의 마음으로 인하여 화가 나고 있었다는 것을요.

저와 친해지고 싶은 마음에 했던 학생들의 장난에 교사로서 미숙하다는 열등감이 반응했습니다. 학생들이 저를 무시한다고 판단해 버리는 바람에 학생들에게 벌을 주는 못난 선생님이 되었습니다. 아이들을 지도하는 다른 방법이 충분히 있었는데 말이죠. 그 후로 아이들에게 문제가 생겼을 때 무조건 혼낼 게 아니라 협의해서 실천해 가야 하는 문제임을 알게 되었습니다.

아이의 마음속으로 들어가라!

부모 자식 관계는 가까우면서도 멉니다. 부모는 자기도 모르게 자식에게 소유욕을 발동시키고 요구하는 것이 많아집니다. 걱정과 불안이라는 이름으로 다그치고 화를 내기도 합니다. 아이는 압니다. 대화하자면서 '답정녀'의 태도로 원하는 대답을 강요하는 일방적인 소통을 하는지, 비난, 비교와 같은 부정적인 상호작용을 하는지, 사랑한다면서 정작 나를 존중하지는 않는지 말이죠.

물론 부모의 입장도 쉽지만은 않습니다. 수도 없이 반복되는 일상 속에서 아이를 키워내야 하니까요. 하지만 우리는 배워야 합니다. 비난과 강요로 끌어간다면 아이는 어느 순간 반항합니다. 부모는 '왜 애가 이렇게 고집을 부리고 말을 안 듣지?' 하면서 강하게 누르려고 애쓰고, 아이는 더 멀리 도망가면서 악순환이 반복됩니다.

아이에게 하는 말 한마디가 변하기 위해서는 좋은 멘트를 아는데서 더 나가야 합니다. 나의 감정 처리 능력부터 변해야 하죠. 이것은 나 자신과의 관계 회복에도 도움을 줍니다. 그러면 아이는 순간적인 두려움으로 행동하는 것이 아니라 스스로 문제를 해결하는 연습을 할 수 있습니다. 나아가 감정과 욕구를 들여다보는데 익숙해지고 자신의 삶에 책임을 지는 방법을 익히게 됩니다.

이상과 현실은 다르다고요? 지금 제가 말씀드린 부분은 교실과 가정 모두에서 직접 실천하는 방법이에요. 처음에는 당연히 되지 않았습니다. 다혈질에 성격이 급한 저는 아이들에게 소리 지르면서 혼내는 게 훨씬 편했습니다. 지금도 엄격한 훈육이 필요할때는 큰소리치기도 합니다. 하지만 인격적인 비난이나 단순한 분풀이로 가지 않으려고 노력합니다.

아이에게 상처 주지 않으면서 공부 정서를 발달시키는 방법은 사실 아주 간단합니다. 아이의 마음속으로 들어가는 거예요. '내가 아이라면 기분이 어떨까?' 이 마음을 생각하면 되거든요. 아이 마음을 이해는 했는데 어떻게 해야 할지 모르겠다면 이 책에 나오는 방법을 실천하면 됩니다.

오늘부터 도전해 보세요. 한 번 읽는 데서 끝내지 마시고 읽고 또 읽어서 내 것으로 만들어내시기 바랍니다. 처음 입는 옷은 불편하지만 계속 입으면 내 옷이 되는 것처럼. '공부'에서 시작되었지만, '감정 처리'와 '문제 해결', 나아가 '나 자신과의 관계'까지 회복하면서 이 책을 덮게 되기를 바랍니다.

차례

프롤로그

공부 정서를 조금 더 일찍 알았더라면 ◦ 005

──────── 1부 ────────

부모와의 관계 속에서
공부 정서는 자란다

1장

공부에 앞서 공부 정서

왜 공부 정서가 중요한가? | 019   관계가 공부 정서를 만든다 | 021   교실에서 인기 있는 아이들 | 024   **부정적인 감정은 전이된다** | 025   **공부 갈등이 반 이상** | 027

2장

공부 정서보다 먼저 챙겨야 할
부모의 마음가짐

아이 때문에 왜 자꾸 화가 날까? | 029 나의 감정 때문에 화가 나는 것이다
| 030 부모의 마음속에 자리 잡은 기준들 | 032 잔소리하는 진짜 이유 |
034 아이의 행동 때문이 아니다 | 036 누구의 욕구일까? | 040 해석이 달
라지면 감정도 달라진다 | 046

3장

어떻게 공부 정서를 키울 수 있을까?

교실에서 알아낸 충격적인 사실 | 050 마음의 어두움이 그림으로 나타나다
| 052 부모가 아이에게 해주어야 하는 한 가지 | 054 초등학생, 공부시켜
야 할까? | 055

4장

아이와 좋은 관계를 유지하면서
공부를 잘 시키려면?

성취압력은 주관적이다 | 057 근면성 vs. 열등감 | 058 초등학생의 자존감
| 059 성취압력의 세 가지 종류 | 062 성취 지향적 성취압력을 주기 위해
서 어떻게 해야 할까? | 063 성취압력은 어떻게 주느냐가 중요하다 | 065

▶ 잔소리를 대신해 드립니다 067

2부

공부 정서를 해치는 부모의 말 30

1   "그러니까 엄마 말 들으라고 했지?"   075

2   "학원 다 끊어, 너 알아서 해!"   080

3   "할 수 있다며?"   086

4   "짜증 내지 말고 기분 좋게 말해!"   091

5   "엄마가 꼭 화내야만 말을 듣니?"   105

6   "너 학원 보내려고 내가 지금 얼마나 고생하는지 알아?"   112

7   "넌 스티커 받으려고 공부하니?"   119

8   "엄마 위해 공부해? 다 너 위해 하는 거지!"   126

9   "왜 그렇게 게으르니?"   132

10 "어디서 말대꾸니?"   138

11 "그럴 줄 알았다!"   146

12 "한 번만 더 그러면 스마트폰 압수야!"   153

13 "너는 꼭 시켜야 하니?"   160

14 "네 멋대로 할 거면 혼자 나가서 살아"   170

15 "왜 넌 꼭 핑계를 대니?"   176

16 "공부만 하면 되는데 뭐가 어렵니?"   183

17 "하기 싫으면 말아"   188

18 "이게 뭐가 어려워? 쉬운 거잖아"   193

19 "왜 집중을 못하니?"   199

20 "커서 뭐 먹고 살래?"   206

21 "다른 애들은 학원에 더 많이 다녀"   211

22 "너 되게 똑똑하잖아"   216

23 "지금 몇 학년인데 그러고 있니?"   220

24 "다음에는 노력해서 100점 맞자"   223

25 "내가 너한테 어떻게 했는데……"   229

26 고개 젓기, 얼굴 찡그리기   236

27 습관적인 한숨 쉬기   240

28 "노력은 한 거야?"   246

29 "도대체 왜 그러는데?"   250

30 "너 같은 자식 낳아서 똑같이 당해봐"   254

▶ 공부 정서를 키우는 대화 10계명   259

에필로그

부모와 아이가 함께 성장하는 길 ◦ 294

1부

부모와의 관계 속에서 공부 정서는 자란다

오늘도 "공부해라! 왜 할 일 안 했냐, 언제까지 엄마가 시켜야 하냐?" 하며 서로 기분이 나빠지는 대화를 주고받으셨나요? 어릴 때는 시키면 곧잘 하던 공부를 하기 싫어하고, 시간만 질질 끄는 모습에 답답하진 않으셨나요? 공부 때문에 아이와 사이가 벌어지는 것이라면 공부를 시키지 말아야 하나 싶나요? 공부를 시켜서 아이가 부모를 원망하고 스트레스를 받는 드라마를 보면서 지레 겁을 먹고 계시지는 않나요? 공부를 시키지 말라는 것도 아니고, 공부를 시키면서 아이와 관계가 나빠지라는 것도 아닙니다. 부모의 강요가 아이에게 '나를 평가하는 기준'이 되어 괴롭힐지, '공부 정서를 향상시키는 기회'가 될지는 양육 태도로 결정됩니다.

공부에 앞서
공부 정서

왜 공부 정서가 중요한가?

초등 시기는 공부에 대한 첫인상이 만들어지고 공부에 대한 태도가 다듬어지는 때입니다. 따라서 이 시기는 매우 중요합니다. '공부 정서'란, 쉽게는 '공부를 대하는 느낌'이라고 생각하면 됩니다. 하지만 심화하면 그 이상의 의미를 나타냅니다.

공부 정서를 발달시키기 위해서는 '관계'가 잘 만들어져야 하고 그러려면 '감정'을 잘 다루어야 합니다. 따라서 단순히 공부를 어떻게 생각하느냐에서 더 나아가 부모와 아이의 관계, 소통하는 방식, 문제를 해결하는 요령, 감정을 처리하는 과정을 모두 담고 있습니다.

초등 시기는 학령기이기 때문에 생활에서 공부하는 시간이 가장 많습니다. 따라서 공부를 대하는 마음이 좋지 않으면 많은 시간을 불편한 마음으로 보내야 합니다. 반대로 공부를 대하는 마음, 즉 공부 정서가 좋으면 많은 시간을 긍정적으로 보낼 수 있다는 의미예요. 공부 정서가 긍정적이려면 어때야 할까요?

1. 공부에 대한 객관적인 성취가 좋아야 합니다.
2. 공부에 있어 부모님과 관계가 좋아야 합니다.

1과 2는 닭과 달걀의 관계와 같습니다. 관계가 좋으면 좋은 성취가 뒤따르고요, 좋은 성취에 따라 또 관계가 좋아져요. 여기서 좋은 성취라는 건 절대 1등이나 상위권을 의미하는 것은 아닙니다. 자신의 성장을 스스로 느끼고 그 과정을 자랑스럽게 여길 수 있는 상태를 말하죠.

> 학령기 시절, 공부를 대하는 느낌(공부 정서)이 긍정적이고 좋다.
> → 자존감이 높고 삶에 자신감 있다.

따라서 우리는 공부 정서를 지키면서 공부할 수 있도록 만들어 주어야 합니다. 그것이 곧 부모와 아이의 관계를 지키는 동시에 아이의 성장을 돕는 길이기 때문입니다.

자기 분야에서 빛이 나는 사람, 성장하고 성숙한 사람은 '배움'을 늦추지 않는 사람입니다. '공부'라는 것은 끊임없이 자신을 지적인 불균형 속에 던져 삶의 지평을 넓히는 것이지요. 공부를 평생할 수 있는 사람은 늘 새로운 눈으로 세상을 바라볼 수 있습니다. 공부와 첫 만남을 시작하고 토대를 만들어가는 초등 시기에 공부 정서를 지키면서 공부할 수 있도록 도와주어야 합니다.

관계가 공부 정서를 만든다

관계의 질은 서로 별문제 없이 기분이 좋을 때가 아닌 갈등이 있을 때 결정됩니다. 즉 아이가 속상한 일을 겪고, 원하는 일이 잘 안 되고, 부모와 아이 사이에 의견 차가 생길 때 관계의 민낯이 드러납니다.

'공부'에 대한 생각에 아이와 부모 간에 간극이 있기 마련입니다. 안타깝게도 우리는 현명하고 유쾌하게 공부시키는 방법을 잘 몰라요. 그래서 서로 상처를 주고받고 싸웁니다. 아이는 속상해하고, 부모는 답답해하면서 '공부'가 관계의 질을 손상시키는 공공의 적이 되고 맙니다. 엄마는 아이가 공부를 싫어하는 게 모든 싸움의 원인이라 생각합니다. 과연 그럴까요?

공부를 대하는 부모의 유형을 한번 살펴봅시다.

· **공부 냉소형** '우리 어릴 때만 해도 초등학생 때는 신나게 놀다가 중고등학교 때 공부해서 대학 갔는데, 지금부터 그렇게 열심히 공부해야 할 필요가 있나?'

→ '초등학교 때 공부를 굳이 시켜야 하나?'라는 생각을 하는 경우입니다. 특별한 교육 없이도 적당하게 성취하고 만족할 만한 삶을 살고 있다고 생각하는 경우가 이에 해당합니다.

· **공부 화산형** '내가 못했던 공부 아이한테 열심히 시켜서 후회하지 않게 할 거야.', '내가 공부를 잘해서 누리고 있는 혜택을 아이도 누리게 할 거야.'

→ 아이의 공부에 대해서 화산처럼 열정적으로 헌신하는 부모입니다. 실제로 공부 정보를 찾아 헤매면서 아이에게 많은 것을 해줍니다. 요즘은 무작정 스트레스를 주기보다 세련되게 해줄 수 있는 선에서 하겠다고 다짐하기도 합니다. 물론 이상과 현실은 다르게 나타나기도 하지만요.

· **공부 지킬 앤 하이드 형** '자기가 좋아하는 일을 해야지. 너무 과하게 공부를 시키면 안 되지. (하지만 엄습해 오는 불안감에) 다른 애들은 더 많이 하잖아. 엄마가 시키는 편은 아니어도 기본은 해야지!'

→ 공부에 있어 이중적인 태도를 갖는 경우입니다. '공부' = '스트레스'라는 선입견이 머릿속에 있습니다. 그러면서 아이가 공부를 잘했으면 하는 마음도 갖고 있습니다(이 기대가 나쁘다는 것은 아닙니다). 공부에 대해 너그러운 태도를 갖는 부모라고 생각하지만 너무 공부를 안 시키는 것은 아닌가 하는 불안과 자책도 공존합니다.

· **공부 방임형** '공부를 시킬 경제적, 심적인 여유가 없다.' 혹은 '내 어린 시절은 너무 힘들었어. 우리 아이는 자기가 하고 싶을 때 시킬 거야.'

→ 아이의 공부에 신경 쓸 여유가 없어서 아이가 공부하는 데 큰 관심이 없는 경우입니다. 혹은 어린 시절의 상처가 '공부를 시키는 부모' = '나쁜 부모'라는 선입견을 만든 경우입니다.

여러분은 어떠신가요? 이 책을 통해 우리 함께 공통의 가치관을 만들어갔으면 좋겠습니다. 공부 정서를 지키면서 따뜻하고 현명하게 공부를 시키는 '공부 정서형 부모'가 되어보자는 것이지요. 아이는 꽤 괜찮은 성취를 하고, 공부 때문에 서로의 목소리가 높아지지 않는 그런 집이 한번 되어보자고요.

교실에서 인기 있는 아이들

"너 때문에 졌잖아."

"굳이 왜 해? 어차피 망했잖아."

"친구들이 항상 저를 짜증 나게 하잖아요."

친구들이 별로 좋아하지 않은 아이는 고유의 특징이 있습니다. 자꾸 불평하고 짜증을 내며 부정적으로 말하고 친구를 비난합니다. 이건 어린아이든 어른이든 마찬가지입니다. 반면에 같은 상황에서 다르게 말하는 아이들이 있습니다.

"너 때문에 졌잖아."

→ "괜찮아, 그래도 우리 재미있게 했잖아."

"굳이 왜 해? 어차피 망했잖아."

→ "끝까지 해보자."

"친구들이 항상 저를 짜증 나게 하잖아요."

→ "그렇게 하면 제가 마음이 불편해요."

이렇게 드라마 주인공처럼 말하는 아이들이 있냐고요? 네, 있습니다. 또래들이 좋아하는 아이는 남 탓만 하기보다는 친구 입장까지 함께 고려합니다. 결과에만 집착하기보다 과정까지 생각합니다. 부정적이기보다 긍정적으로 말합니다.

어떻게 말을 하느냐는 상대의 기분만 결정하는 것은 아닙니다. '어떤 설명양식을 사용하느냐?'가 '어떻게 생각하느냐?'를 결정하게 돼요. 물론 말과 생각은 닭이 먼저냐, 달걀이 먼저냐와 같은 관계입니다. 그렇게 생각하기 때문에 그렇게 말하기도 하고, 그렇게 말하기 때문에 그렇게 생각하기도 합니다. 어쨌든 '말'이 중요한 거지요.

부정적인 감정은 전이된다

아이가 포켓몬 볼을 가지고 놀다가 원하는 대로 되지 않으니 갑자기 짜증을 내기 시작합니다. "이거 왜 안 되는 거야?" 소리를 높이고 장난감도 던집니다. 부정적인 감정은 전달되기 마련입니다. 그 순간 아이에게 쏟아붓고 싶은 말들이 머릿속에서 맴돕니다.

"왜 그렇게 짜증을 내고 그래? 공부하다가 어려운 것도 아니고 놀다가 어려운 것 가지고 짜증을 내고 싶니? 다 갖다 버려!"

부정적인 감정의 공이 저에게 전달되는 순간, 너무 뜨겁습니다. 얼른 아이에게 도로 던집니다. 아이는 억울하기도 하고 짜증도 나지만 일단 내가 져야 이 싸움이 끝이 난다는 것을 경험적으로 혹은 본능적으로 알기 때문에 입을 다뭅니다. 부정적인 감정은 더 커져서 아이의 마음속에 가라앉습니다. 감정은 해소되지 않으면 사라지지 않습니다. '짜증이라는 감정은 잘못된 것이구나. 내가 힘들 때 표현하면 엄마한테 혼나는구나.'를 배우는 순간입니다.

아침에 소변을 보고 있는 아이에게 "양치도 하고 나와."라고 말합니다. 아이는 깜빡했는지 그냥 나온 채 화장실 불을 끕니다.

"그냥 나왔어?"라고 묻자 아이는 "하려고 했어!"라고 불만 섞인 어투로 답합니다. 그러고는 화장실에 들어가더니 양치를 하면서 저를 째려봅니다.

아이의 말에 반응하고 싶습니다. "양치한다는 애가 나와서 화장실 불을 끄니?" 거기다가 한술 더 떠서 "엄마한테 그게 무슨 예의 없는 태도야?"에서 "일찍 자고 일찍 일어나면 이렇게 짜증 날 일이 없잖아!"까지 이어지며 아이와의 싸움에서 이기려고 합니다. 정확하게 말하면 아이를 통제했다고 느끼고 싶습니다.

이런 관계가 계속되면 아이의 수치심이 끊임없이 건드려지고 자율성도 훼손됩니다. 사실 이러한 반응으로는 아이의 행동은 고쳐지지 않습니다. 단순히 내 앞에서 통제되는 아이의 행동을 보면서 행동이 고쳐졌다고 착각하게 될 뿐입니다. 그럴수록 분출형 아이는 적극적으로 반항해서 관계가 악화되고, 억제형 아이는 수동적으로 반항해서 몰래 딴짓을 하거나 엄마가 원하지 않는 행동을 합니다.

공부 갈등이 반 이상

"숙제 다 했어?" 집에 와서 30분이면 금방 할 양인데 계속 딴짓을 하는 것을 보니 속이 탑니다.

"알아서 할 거야!" 반항 섞인 아이의 말대구에 답하고 싶습니다.

"네가 언제 알아서 한 적 있었어? 맨날 시켜야 했지. 집에 왔으면 할 일부터 하고 놀아야지. 하나보다, 하나보다 하고 기다렸는데 끝까지 안 해. 그럴 거면 학원 다 때려치워! 누구는 돈이 남아돌아서 학원 보내니? 딴 애들은 더 많이 다니는데, 그거 몇 개 다니는 것 가지고 온갖 생색은 다 내네. 공부만 하면 되는데 뭐가 그렇게 힘들어?"

"안 해! 나도 안 할 거야!"

엄마의 날카로운 공격에 아이도 방어합니다.

"어디서 말대꾸야? 엄마한테 그게 무슨 태도야? 어디서 어른 눈을 그렇게 쳐다봐?"

눈물을 글썽이며 방으로 들어간 아이는 공부를 시작할 수 있을까요?

초등학교 4학년 교실에서 수학 평균이 같은 두 집단을 구성하였습니다. 각 집단의 아이들이 10분 동안 무엇인가를 하고 수학 시험을 보았습니다. 그런데 어쩐 일일까요? 평균 점수가 동일했던 두 집단이었는데, A 집단은 73.5점, B 집단은 78.6점의 평균 점수가 나왔습니다. 무려 5점이나 차이가 나는 것입니다. 이 아이들에게 시험 전 무슨 일이 있었을까요?

시험 전 A 집단에게는 최근 일주일 동안 기분 나쁘거나, 짜증 나거나, 화났던 일을 생각해서 다섯 가지를 쓰라고 했습니다. 그리고 B 집단에게는 기분 좋고, 신나고, 행복했던 일을 다섯 가지 쓰라고 했습니다. A 집단은 기분 나빴던 일을 생각해 내기 위해 애를 썼을 것이고, 또다시 떠오른 그 일 때문에 기분이 나빠졌을 것입니다. B 집단은 반대로 기분이 좋아졌을 것이고, 두 집단은 그 기분 상태로 시험을 치렀습니다. 10분의 경험이 평균 5점의 점수 차를 가져온다면 그게 누적되면 얼마나 큰 차이를 가져올까요? 이는 EBS 다큐프라임 〈공부 못하는 아이〉에서 직접 했던 실험이었습니다.

초등 시기가 되면 많은 갈등이 공부로부터 기인합니다. 아이를 생각해서 공부도 시키고 학원도 보내는 것인데 이상하게 아이와 더 멀어지는 것 같습니다. '자기가 알아서' 스스로 하면 좋을 텐데 그러지도 않고, 그렇다고 공부를 안 시킬 수도 없습니다. 이 갈등은 사춘기가 되면 극에 다다릅니다.

공부 정서보다 먼저 챙겨야 할
부모의 마음가짐

아이 때문에 왜 자꾸 화가 날까?

우리는 이것을 한번 생각해 보아야 합니다. 부모가 화가 나는 이유가 과연 '아이의 잘못된 행동'에 대한 반응이기만 할까?

부모는 통제하는 이유에 대해 항변합니다. "다 너희들을 사랑해서 그런 것이라고!" 저 역시 아들을 사랑하기 때문에 유튜브도 보지 말라고 하고, 일찍 자라고 하고, 골고루 먹으라고 합니다. 또 학생들을 사랑하기 때문에 자기 책상과 사물함 정리를 하라고 하고, 수업 준비를 미리 하라고 하고, 일기도 쓰라고 합니다.

"부모가 해주는 게 당연하다고 생각하고, 감사해하지도 않고, 버릇없는 말투를 써요."

"아이가 계속 게임을 하려니까 말이 좋게 나가지 않아요."

"공부한다고 하고 딴짓하고 다 했다고 거짓말까지 해요."

부모는 화가 나는 이유가 아이의 행동 때문이라고 생각합니다. 하지만 아이들은 부모를 일부러 화나게 만들거나 죄책감이나 불안을 느끼게 하려는 의도가 전혀 없습니다.

나의 감정 때문에 화가 나는 것이다

아이는 엄마를 무시해서가 아니라 자기감정이 우러나오는 대로 행동하는 것입니다. 다만 그 행동이 부모의 '불안', '두려움', '죄책감'과 같은 부정적인 마음을 자극하는 것이죠.

늦게 잠자리에 든 아들에게 "엄마가 아까부터 방에 들어가서 자라고 했지? 왜 매번 늦게 자는 거야?"라고 혼내고 나서 '아차!' 싶습니다. 내가 화를 내는 것은 '늦게 자는 아들의 행동' 때문이 아니라 '내일 일찍 일어나야 한다는 나의 불안감'으로 나온 행동이라는 것을 이제는 조금 일찍 알아차릴 수 있기 때문입니다. 내일이 휴일이면 조금 늦게 자도 아들에게 이렇게 화가 나지 않습니다. 내일이 출근일이라는 사실이 긴장과 불안을 안겨주면서 결국 아들 탓을 하게 된 것이죠.

아이에게 공부를 시켜야 할 때 나의 컨디션이 좋으면 여유 있게 학습지나 교구 등을 꺼내 공부 환경을 만듭니다. 그런데 컨디션이 좋지 않으면 불안함과 동시에 죄책감이 몰려옵니다. 그리고 괜히 아이에게 화를 내기 시작합니다.

"엄마가 꼭 시작하자고 해야 하니? 그게 네 공부지, 엄마 공부야?"

부모의 걱정이 불안과 두려움으로 변하면서 아이를 통제하려고 하는 것입니다. 아니라고 하고 싶나요? 잠시만 다시 생각해 보세요. 내가 산 주식이 왕창 올랐을 때는 아이의 잘못된 행동에 덜 화가 납니다. 아니, 화가 안 날지도 모릅니다. 주식이 왕창 떨어졌는데 거기에 더해 아이까지 잘못된 행동을 하면 아마 그날 아이는 엄마의 짜증받이가 되어야 할지도 모릅니다.

사실 '화', '분노'는 2차 감정입니다. 분노의 1차 감정은 '걱정', '불안', '외로움', '낙담', '슬픔', '후회', '고통', '통증', '실망'입니다. 이와 같은 1차 감정이 충족되지 않았을 때 '분노'라는 2차 감정이 드러나는 것입니다. 화가 나면 이 화의 진짜 감정이 무엇인지 먼저 생각해 보세요.

타인을 원망하는 건 흔히 볼 수 있는 방어기제입니다. 자신의 핵심 감정을 마주하는 것에 비하면 남을 원망하는 게 훨씬 쉽습니다. 자기감정을 모두 아이 탓으로 돌리는 건 확실히 쉽고 편한 처리 방법입니다. 그렇게 하면 내면 깊숙한 곳에 숨어 있는 핵심 감정과 대면하지 않아도 됩니다. 내 감정인데 내가 주인이 아닙니다. 나는 내 감정에 주도권도, 통제권도, 선택권도 없습니다. 자신의 감정을 마주하고 내 감정의 주인이 되려면 어느 것이 내 감정이고 어느 것이 네 감정인지 그 경계를 분명히 해야 합니다.

부모의 마음속에 자리 잡은 기준들

학부모님들을 만난 지 교실 안에서 15년, 교실 밖에서 10년이 되었습니다. 그동안 정말 많은 학부모님들을 만나 고민을 들었는데요. 그 고민 속에서 느끼는 바가 참 많습니다만 그중 하나는 이것입니다. '우리는 아이에게 원하는 '기준'이 너무 많다!' 하는 것입니다.

> "선생님, 저희 아이가요. 독서도 좋아하고, 책도 잘 읽는 편인데요. 학습만화를 읽는 시간도 너무 많아요. 엄마 생각에는 만화보다 글밥 있는 책을 읽으면서 더 상상하고 문해력도 길러야 할 것 같은데 어떡하죠?"
>
> → 엄마가 기대하는 바 | 학습만화는 읽지 않고 글밥 많은 책만 즐기는 아이

"선생님, 저희 애 글씨를 보면 띄어쓰기도 잘 안 되고, 글자 모양에 맞추어 써야 할 것 같은데 그러지도 않아요. 제가 뭐라고 하면 '선생님도 뭐라고 안 하는데 엄마가 왜 뭐라 하느냐!' 이런 반응이에요."

→ 엄마가 기대하는 바 | 글자를 반듯하게 글자 모양에 맞추어 쓰는 아이

"선생님, 엄마 생각에는 학교에 다녀와서 할 일을 바로 했으면 하는데 놀 거 다 놀고 늦게서야 겨우 할 일을 시작해서 꼭 저한테 혼나고 울고 늦게 자고 그래요."

→ 엄마가 기대하는 바 | 학교에 다녀와서 할 일을 바로 하고 건전하게 여가시간을 즐기는 아이

"선생님, 엄마 생각에는 사고력 수학, 연산, 심화까지 해야 할 것 같은데 아이는 너무 힘들다고 해요. 하루에 해야 하는 양이 많은 것도 아니고 딱 한 장씩만 하거든요."

→ 엄마가 기대하는 바 | 사고력, 연산, 심화 수학 문제집을 한 장씩 즐겁고 끈기 있게 풀면서 수학 실력이 느는 아이

마음속에 그려진 이상과 현실의 모습이 달라 엄마는 불안감이 듭니다. 처음에는 분명히 '좋게' 말하려고 했습니다. 배웠던 대화

법까지 생각하며 "서윤아, 너는 네 글씨에 대해 어떻게 생각해?"라고 묻습니다. 말을 하다 보면 내 말이 아이에게 확실하게 전달되는 것 같지 않고, 아이는 내 말을 대충 듣는 것 같아서 말이 점점 세집니다. 아이의 행동을 교정하려고 했는데 아이를 향한 비난과 경멸로 이어집니다.

"너는 왜 맨날 그러니?"

"다른 애들은 안 그래."

"왜 그렇게 게을러 빠졌니? 네 아빠 닮아서 그러지."

"그럴 거면 나가서 너 혼자 살아."

아이는 정서적으로 공격받는 느낌이 듭니다. 부모와 연결된 유대감이 손상되고 있는 그대로 존중받지 못한다는 생각이 듭니다. 그러면 방어를 합니다.

"하려고 했어요."

"알아서 할 거예요."

잔소리하는 진짜 이유

아이의 방어에 부모의 '통제감'은 위협을 당합니다. 어른에 대한 불손한 태도를 지적하며 대화의 주제는 옮겨갑니다. 아이의 행동은 순간적으로 교정되는 것처럼 보이나 정서적으로 상처를 입습니다.

'방어'가 잘 안 되는 것 같으면 '회피'를 합니다. 엄마가 잔소리를 시작할 것 같으면 "네, 할게요." 하고 방으로 대피합니다. 행동을 실천하는 방법을 배우는 것이 아니라 잔소리를 빨리 끝내는 방법을 터득했습니다. 그리고 몰래 합니다. 몰래 하면 기분이 좋을까요? 스스로 위축됩니다. 놀고 있어도, 게임을 해도, 마음이 좋지 않습니다. 스트레스도 안 풀리고, 에너지도 소진되고, 쉬어도 쉰 게 아닙니다.

엄마는 아이와 대화가 통하지 않는다고 한탄합니다. 엄마 생각에는 대화지만 사실 아이 생각에는 지시하고 설득하고 설명하는 일방적인 잔소리입니다. 정서적으로 소통하기 위한 대화는 아닌 거죠.

학부모님들의 수많은 고민 속에서 제가 처방하는 건 이것입니다. "그건 문제가 되지 않아요. 충분히 그럴 수 있어요. 지켜보세요. 기다리세요." 즉 엄마의 '불안함'은 당연한 거고 다른 집 애들도 그렇다고 말씀드립니다.

아이와 관계가 상하면서까지 우리가 '잔소리'를 하게 되는 이유가 있습니다. 불안해서입니다. 불안하면 통제하려고 합니다. 손안에서 통제할 수 있는 상황이면 불안감이 감소하기 때문이죠. 그래서 잔소리로 통제하려고 합니다. 내가 원하는 기준 속으로 아이가 쏙 들어와야 통제가 되는 건데 그게 안 되면 통제감이 위협당합니다. 다시 불안감이 느껴집니다.

> **실패**
>
> 불안감 ↑ → 통제하려고 함 → 통제감 위협당함 → 불안감 ↑ →
>
> 통제하려고 함(반복)

이 구렁텅이에서 악순환을 반복하며 그 해결책으로 잔소리를 선택합니다. 내 아이를 사랑하기 때문에 잘 컸으면 좋겠어서, 나보다 더 잘 살았으면 좋겠어서, 내가 없는 데서도 잘하라고 잔소리하는 건데 그 결과가 '아이와의 멀어지는 것'이라니 슬프기 그지없습니다.

아이의 행동 때문이 아니다

우리는 아이가 겪는 상황을 미리 겪었습니다. 그래서 누구보다도 아이의 마음을 더 잘 압니다. 우리가 아이에게 하는 잔소리 레퍼토리는 이미 들어온 것이거든요.

아이의 행동이 느림

→ 행동이 느려서 내가 들어왔던 잔소리가 튀어나옴

아이가 공부를 제대로 안 함

→ 공부를 제대로 안 해서 내가 들어왔던 잔소리가 튀어나옴

아이가 방 정리를 안 함

→ 방 정리를 안 해서 내가 들어왔던 잔소리가 튀어나옴

예전에는 '사랑의 매'라는 이름으로 하는 체벌과, '사랑의 잔소리'라는 이름으로 하는 비난과 지적, 협박이 빈번했습니다. 그래서 잔소리를 들었을 때 어떤 마음인지 사실은 우리가 더 잘 알고 있습니다.

어린 시절의 역사는 모두 다릅니다. 잊고 있었던 어린 시절이 무의식의 창고 속에 켜켜이 쌓여 있어요. 그 무의식이 아이를 키우면서 건드려집니다. 예를 들어서, 아이가 친구에게 놀림을 당하고 와서 속상해합니다. 친구와 놀면서 충분히 있을 수 있는 일입니다. 하지만 친구 앞에서 아무 말도 하지 못하는 내 아이에게 무척 화가 납니다.

친구가 놀려서 속상했던 경험 혹은 따돌림을 당했던 상처가 있는 채로 어른이 되었다면 나의 내면아이는 무의식중에 그것을 기억하고 있습니다. 그래서 과하게 불안해하면서 반응하기도 해요. "아, 그랬구나! 속상했겠다." 하면 지나갈 수도 있는 일인데, 이 일로 인해 아이가 왕따가 되고 힘들어하는 상상까지 하게 됩니다.

어린 시절, 친구들과의 관계에서 상처받았을 때 부모님이 개입해 주기를 바랐는데 방치되었다는 느낌을 받았다면, 아이가 친구와의 관계에서 상처받았을 때 나의 어린 시절이 두 가지 반응으로 나타납니다.

'내 아이만큼은 내가 반드시 지켜주리라!' 하고 지나치게 개입하거나, '나는 충분히 혼자서 힘든 것을 견뎌왔는데 너는 왜 나를 자꾸 귀찮게 하니?' 하고 더 방치하는 것이죠. 그러면서 엄마는 자신도 모르게 갖고 있던 신념을 강화합니다. '친구와 놀면서 속상한 일만 더 생겨. 혼자 노는 게 더 나아.', '어려운 건 혼자 해결하는 게 맞아.', '아이가 힘들 때는 내가 다 해결해 줘야 해.' 이런 식으로 말이에요.

인간의 무의식 속에는 어린 시절의 아픔과 상처로 인한 자아가 있습니다. 바로 그것을 '내면아이'라고 합니다. 부모님의 양육 태도, 상호작용으로 만들어진 나의 어린 시절에 대한 기억이 뇌 속에 저장된 것이죠. 감정이 억압된 채 자라면 상처받은 아이는 성인이 된 후에도 계속해서 내면에 남아 있게 됩니다.

예를 들어, 부모의 칭찬과 인정을 받지 못한 개인의 내면에는 칭찬과 인정에 집착하는 내면아이가 형성되어 삶의 중요한 동기로 작용합니다. 억압적이고 통제적인 부모로부터 양육된 개인은 공상이 많고 자기주장을 하지 못하는 의존적인 내면아이가 형성되어 있습니다. 내 안에 있는 내면아이는 부모와 유사한 다른 사람을 만나면 마치 어린 시절에 부모에게 했던 것처럼 유아적으로 반응합니다. 즉 미성숙하고 퇴행적인 행동이 나타나는 것이죠.

아이가 음식을 먹으면서 자꾸 손에 묻히고 돌아다닌다면 행동을 교정해 줄 필요가 있습니다. 하지만 지나치게 화가 난다면 어린 시절 양육자의 지나친 결벽증이 반응하여 현재 화로 나타난 것일 수 있습니다.

아이가 공부하면서 계속 집중을 안 한다면 아이에게 화날 수 있고, 행동 교정을 위해 도와줄 필요도 있습니다. 하지만 지나치게 화가 난다면 어린 시절 양육자의 학습에 대한 공격적인 반응이 현재 화로 나타난 것일 수 있습니다.

아이의 행동 → 나의 반응

아이의 행동에 대한 나의 반응이라고 생각했던 것이 사실은,

어린 시절 나의 무의식 기억 + 아이의 행동 → 나의 반응

무의식 기억과 한 번 스파크가 일어난 후 나의 반응으로 나타난 것입니다.

아이의 공부에 대한 반응에서도 나의 어린 시절 감정이 섞여 나

옵니다. 책을 읽지 않는다고 자꾸 혼났던 나의 내면아이로 인해 아이가 책을 읽지 않으면 더 불안합니다. '내 아이만큼은 책을 읽게 만들어야지.' 생각할 수도 있고 '어릴 때 굳이 읽어야 해?' 하면서 내가 엄마한테 못했던 반항이 아이에 대한 반응으로 나타나기도 합니다. 어릴 때 수학으로 힘들었던 기억으로 아이에게 수학 공부를 더 많이 시킵니다. 아이가 수학을 힘들어하면 불안합니다. 이러한 반응은 무의식적으로 나타나는 반응입니다.

누구에게나 인정받고 싶고 사랑받고 싶은 내면아이가 있습니다. 부모로부터 폭행을 당하고 욕을 먹는 등의 부정적이고 심각한 양육방식만 내면아이를 만들어내는 것은 아닙니다.

누구의 욕구일까?

'나의 감정 때문에 화가 나는 것이다.' 그것을 다시 생각해 보면 충족되지 않은 나의 욕구가 있다는 말입니다.

> 아이가 공부를 하지 않는다. → 아이가 공부를 잘해서 안정적인 미래를 확보했으면 하는 욕구가 좌절되었다. → 불안하다.

아이에게 화가 났다면 어릴 때 어떤 욕구가 좌절되었는지 찾아

내 보세요. 화를 내는 진짜 이유를 발견하려면 스스로 어떤 욕구가 좌절되었는가 성찰을 통한 자기 분석을 해야 합니다. 단순히 아이 때문에 화가 난다고 생각하고 아이를 비난하면 일단 책임을 모면하는 것입니다. 이는 문제를 정확하게 파악하고 해결 방법을 모색해서 실행으로 옮길 기회를 놓치는 것입니다.

'아이가 ○○했기 때문에 화가 난다.'를 '나는 ○○이 필요하기 때문에 화가 난다.'로 바꿔보는 연습을 하면 나의 욕구를 조금 더 들여다볼 수 있어요.

정성껏 밥을 차렸는데 아이가 밥을 먹지 않으려고 해요. 아이가 음식을 골고루 먹고 건강하게 자랐으면 좋겠다는 욕구가 좌절되었기 때문에 화가 납니다.

아이가 자꾸 늦게 자서 화가 납니다. 아이가 일찍 자고 일찍 일어나는 습관을 들여서 자신의 삶을 알차게 만들었으면 하는 욕구가 좌절되었기 때문에 화가 난 것입니다.

아이가 친구에게 말을 하지 못하고 와서 화가 납니다. 아이가 당당하게 자기 할 말을 하는 사람으로 자라났으면, 그래서 손해 보거나 하기 싫은 일을 억지로 떠맡는 억울한 일을 당하지 않았으면 하는 나의 욕구가 좌절되었기 때문에 화가 납니다.

여기서 잠깐만! 좌절된 욕구는 누구의 욕구인지 한번 생각해 볼까요? 그렇습니다. 부모의 욕구입니다. 내가 낳은 아이이기 때문에 우리는 종종 아이와 나를 동일시하는 착각에 빠집니다. 내가 배부르면 아이의 밥을 챙기는 것을 잊어버리고, 내가 배고프면 아이도 배가 고플 거라고 생각합니다. 어느 날은 아이가 이를 닦지 않고 잠이 들었어요. 제가 미리 양치를 하고 입안이 상쾌했기 때문에 아이가 양치를 했다고 생각했기 때문이었어요.

아이가 어리면 부모가 아이의 욕구를 미루어 짐작해야만 해요. '배고파서 우는구나.', '기저귀 갈아달라고 우는구나.', '자고 싶어서 우는구나.', 말을 하지 못하니 끊임없이 아이의 입장이 되어 짐작해야 합니다. 하지만 아이가 커가면서 자기 욕구를 표현하는데도 부모는 '너는 아직 인생을 살아보지 않아서 몰라.' 하고 자신의 욕구를 강요하곤 합니다. 자신의 욕구라는 것도 인지하지 못한 채 말이죠.

> '아이가 이걸 해야 내 마음이 편해질 욕구'
>
> '아이가 이걸 해야 내 몸이 편해질 욕구'
>
> '아이가 이걸 해야 내가 덜 불안해질 욕구'
>
> '아이가 이걸 해야 내가 좋은 부모가 될 수 있는 욕구'
>
> '아이가 이걸 해야 자책을 덜 할 수 있는 욕구'
>
> '아이가 이걸 해야 내가 통제감을 느낄 수 있는 욕구'
>
> '아이가 이걸 해야 내가 안정감을 느낄 수 있는 욕구'

부모님의 정말 많은 고민 중의 하나가 '아이가 말을 잘 안 들어요.'입니다. 성인도 규칙을 다 지키기란 힘들고, 더 나은 내가 되기 위해 결심한 일마저 잘 지키지 못합니다. 그런데 아이에게는 그것들을 요구합니다. '아이가 말을 잘 안 들어요.' 안에는 '아이는 반드시 내 말을 들어야 해요.'라는 다소 폭력적인 기대가 담겨 있습니다. 아이가 부모 말을 들어야 하는 기대를 자세히 들여다보면 위와 같은 욕구일 때가 꽤 많습니다.

부모님께서 종류별로 이 김치, 저 김치, 이 반찬, 저 반찬을 싸주십니다. 자식이 원하는 것은 배추김치 한 통뿐이라, "너무 많아요. 다 못 먹어요. 이것만 가져갈게요."라고 하면 "가져가서 다 챙겨 먹어."라고 말씀하시며 싸주십니다. 다 못 먹고 버리더라도 가져오는 게 부모님께 효도하는 것이라는 생각으로 싸옵니다.

부모님이 기어코 음식을 싸주시는 이유는 그래야 마음이 편하기 때문이지요. 원하는 만큼 먹는 자식의 욕구보다 자식을 위하고자 하는 부모의 욕구가 더 크기 때문입니다.

어릴 적부터 입이 짧았던 저를 위해 어머니께서는 어떻게든 먹이려고 애를 쓰셨습니다. 음식에 까탈스러운 것만큼 부모 속을 타게 하는 것은 없지요. 외식문화도 거의 발달하지 않았던 그 당시 건강한 영양 식단으로 삼시 세끼 음식을 만들어 더 먹이려고 하셨지만 저는 먹는 양도 적었고 자주 체했습니다. 체하면 또 답답해서 음식을 먹지 못했고요. 그게 저는 아주 스트레스고 힘들었는데요. 더 이상 체하지 않았던 때가 있습니다. 언제냐고요?

대학교에 가서 자취생활을 하며 살기 시작할 때부터였어요. 어머니께서 챙겨주신 삼시 세끼 밥을 매번 먹지 않고 제가 먹고 싶을 때, 먹고 싶은 만큼 먹게 되자 속이 답답하던 게 사라졌습니다.

물론 다양한 식재료로 밥을 차려주셨던 어머니 덕분에 저는 현재 편식하지 않고 골고루 음식을 먹는 건강한 사람이 되었습니다. 또 지금은 '엄마 밥'과 '엄마 반찬'이 최고입니다.

하지만 감히 생각해 보자면 '내 아이가 이 음식을 다 먹는 모습을 보며 엄마로서 책임을 다했다는 만족의 욕구', '아이가 안 먹어서 불안해지고 싶지 않은 욕구'가 '내 아이가 먹고 싶은 양을 맛있게 먹었으면 하는 욕구'보다 컸겠다는 생각이 들었습니다. 참고로 소화기관이 약하게 태어나면 본능적으로 음식을 거부할 수도 있다고 합니다. 저는 지금도 소화기관이 좋지 않아 힘들거든요.

맛있는 음식을 해주는 부모님의 노력을 폄하하는 것도, 무시하는 것도 아닙니다. 이런 에피소드를 통해 혹시나 아이가 원하는 욕구 이상으로 내 욕구가 우선시 되었던 것은 아닌가 돌아보자는 것입니다. 아이도 생각이 있고 욕구가 있습니다. 부모의 욕구와 아이의 욕구가 잘 협의되고 상호작용되어 좋은 결과를 만들어내는 전략을 세울 줄 알아야 합니다.

아이에게 진정으로 원하는 게 무엇인지 점검을 하고 가야 합니다. 내가 정해놓은 로드맵을 아이가 잘 따라오는 것이 진짜 목표, 진짜 욕구는 아닙니다. 그것은 아이가 행복하게 살기 위해 필요할 것으로 예측하는 부수적인 요소일 뿐입니다. 아이를 잘 키우고자 하는 것들은 아이가 행복했으면 하는 것에서 시작하는데, 우리는 곧잘 진짜 목표와 욕구를 잊곤 합니다. 진짜 욕구를 생각한다면 질문도 달라져야 합니다.

"아이가 어떻게 하면 말을 잘 들을까요?"에서 "아이가 유능한 사람으로 자라게 하려면 어떻게 도와줘야 할까요?", "아이가 행복한 사람으로 자라기 위해 어떤 것을 배우게 할까요?"로 말이죠.

부모가 아이에게 화가 났다면 부모의 어떤 욕구가 좌절되었는지 찾아내야 합니다. 화를 내는 진짜 이유를 발견하려면 스스로 어떤 욕구가 좌절되어 있는가 성찰을 통한 자기 분석을 해야 합니다. 시험점수가 나를 화나게 하는 게 아니라 아이가 안정적이고 행복하게 살았으면 하는 욕구가 좌절되었기 때문에 화나는 것입니다.

필요한 물건이 있을 때 어두운 상태에서는 아무리 눈을 크게 뜨고 찾아봐도 보이지 않습니다. 불을 켜야 하죠. 아이에게 화를 자꾸 낸다면 마음의 불을 켜는 것이 먼저입니다. 화를 낼 때 어떤 욕구가 좌절되었는지, 어떤 감정이 건들어졌는지 성찰해야 감정적으로 격해지는 상황에 대응할 수 있습니다.

해석이 달라지면 감정도 달라진다

하나 더 말씀드려 볼까요? 아이가 수업 시간에 계속 소리를 내고 딴짓을 합니다. 친절하게 설명해 주고, 다시 해보라고 했는데도 말을 듣지 않습니다. 선생님을 무시하나 싶어 화가 납니다. 이것은 아이의 문제 행동 때문에 제가 화가 난 것일까요? 아닙니다. 아이의 행동에 대한 저의 해석 때문에 화가 난 것이지요.

> 학생이 수업 시간에 딴짓함
>
> → 화가 남 (X)
>
> 학생이 수업 시간에 딴짓함
>
> → 선생님을 무시함 → 화가 남 (O)

왜냐고요? 그 아이가 인지적인 불균형이 크고, ADHD로 치료를 권유받았다는 사실을 알고 나서는 화가 나지 않고 오히려 안타까웠기 때문입니다. 학생이 '수업 시간에 딴짓을 했다.'라는 사실은 같았으나 그 행동에 대한 해석이 제 감정을 다르게 만들었습니다.

아들이 고집이 너무 세다고 생각했습니다. 저에게 과격하게 행동하고 소리를 지를 때마다 화가 났습니다. 하지만 놀이 상담 치료를 받으며 아이가 정서적 민감도가 높은 편이라는 것, 엄마와 아빠의 부부싸움을 목격하고 이사까지 앞둔 가정 상황으로 인해 불안함을 느끼고 있다는 사실을 알고 미안한 마음이 들었습니다.

행동	→	해석	→	감정
과격한 행동, 소리 지름	→	고집이 셈	→	화가 남
과격한 행동, 소리 지름	→	정서적 민감도가 높음, 불안함	→	슬프고 미안함

　서로의 일 때문에 남편과 저는 떨어져 살고 있습니다. 남편이 시간이 빌 때마다 오는데 그때마다 아이는 저와 단둘이 있을 때와 다르게 행동합니다. 둘이 있을 때는 어리광도 부리고 말도 부드럽게 하는데 남편만 오면 저에게 함부로 행동하고 말도 세게 합니다. 왜 그러나 속상했습니다. 따로 말을 꺼내지 않다가 한번은 둘이 있을 때 말했습니다.

　"아빠가 오면 우리 아들 태도가 바뀌는 것 같아서 속상할 때가 있어. 엄마한테 좀 함부로 말하는 느낌이 들거든. 혹시 왜 그러는지 이유를 알 수 있을까?" 저는 아이가 이유를 말하지 못할 거로 생각했어요. 하지만 (뒤에서 말씀드릴) 3단계 감정 조절법을 오랫동안 실천해 온지라 아이는 자신의 감정에 대해 정확하게 표현을 하더라고요.

"응, 엄마. 나는 아빠가 오면 아빠한테 내가 세다는 것을 보여주고 싶어. 아빠한테 내가 컸다고 알려주고 싶어."

아이 말을 듣는 순간 머리가 띵했습니다. 전혀 예상하지 못했던 답변이었거든요. '그런 마음이었구나.' 싶어서 오해했던 제 마음이 부끄러워졌달까요? 며칠 후 남편이 왔고 역시나 아이의 말투와 행동이 바뀌었습니다. 하지만 제 마음도 바뀌어서 오히려 아이의 행동이 귀여워 보이더라고요.

행동	→	해석	→	감정
아빠가 올 때만 달라지는 거칠고 센 행동	→	엄마를 무시하나? 아내를 대하는 남편의 태도가 문제인가?	→	속상하고 걱정됨
아빠가 올 때만 달라지는 거칠고 센 행동	→	아빠에게 나도 컸다는 걸 보여주고 싶은 마음	→	귀여움

부모가 느끼는 감정은 아이의 행동이 만들어낸 것이 아닙니다. 부모의 해석 투과망을 거친 것이죠. 해석 투과망은 부모가 그동안 살아온 경험으로 만들어진 것이겠지요. 어린 시절의 경험이 차곡차곡 무의식에 쌓이고, 살면서 만들어진 다양한 불안과 기준이 차곡차곡 누적되어 만들어졌을 것입니다. 또 아이의 진짜 마음을

이해하지 못하고 만든 나만의 해석망일 것이고요.

〈금쪽같은 내 새끼〉라는 프로그램에서 금쪽이가 파란 코끼리 인형에게 자기 속마음을 말하는 장면에서 부모님들은 대부분 눈물을 흘립니다. 아이가 세상 누구보다 부모님을 사랑하고 걱정하고 있다는 사실을 깨닫기 때문이지요. 오은영 박사가 아이 역시 누구보다도 힘들고, 잘하고 싶어 하는 존재라고 말하면 부모는 오열하고 맙니다. 나의 해석망이 바뀌게 되는 순간이거든요. '내 아이가 문제다.'라는 관점에서 '내 아이는 도움을 받고 싶어한다.'라는 관점으로 바뀌게 되는 것이죠.

우리는 화를 내야만 아이가 말을 듣는다고 생각합니다. 하지만 충족되지 않은 욕구나 주관적인 해석으로 화가 났다는 사실을 알면 조금은 감정을 조절해 볼 수 있습니다. 화를 조절하지 못하면 아이에게 결코 좋은 말은 나가지 않습니다.

이제 아이에게 화가 나는 이유가 단순히 '아이의 잘못된 행동' 때문이 아니라는 사실이 조금 이해되셨을까요?

어떻게 공부 정서를
키울 수 있을까?

교실에서 알아낸 충격적인 사실

수년간 담임교사를 하면서 학생들의 마음이나 가족 관계를 알아보려고 하는 것이 있습니다. 10년 정도 꾸준히 해왔던 것인데요. 바로 가족관계 검사입니다. 엄청나게 대단한 건 아니지만 무섭게도 들어맞아서 제 아이에게 해보는 것이 겁날 정도입니다. 무엇이냐고요?

A4용지 혹은 도화지를 주고 "일요일 오후 가족의 모습을 그려봐라."라고 합니다. 일요일 오후는 상징적입니다. 그때 온 가족이

모이는 순간이기 때문이지요. "꼭 일요일 오후를 그려야 하나요?"라고 묻는 학생들도 있습니다. 그런 건 아니고 그냥 가족이 집에 있을 때의 모습을 생각해 보면 된다고, 꼭 가족 구성원이 같이 있는 장면을 그려야 하는 건 아니고 '일요일 오후의 우리 가족' 하면 생각나는 것을 그려도 된다고 말을 해줍니다. 또한 친구들끼리 서로 볼 수 없도록 시험대형으로 앉은 상태에서 그리기 시작합니다. 주로 학생들은 가장 '최근'의 기억이나 '자주' 있었던 일들을 그립니다. 가족의 그림을 그리라고 하면 보통 '가족 구성원이 서 있는 그림이나 어디 놀러 간 그림을 그려놓겠지.', '대체로 비슷한 모습이겠지?' 싶었습니다. 하지만 아이들은 신기하게 정말 다양한 그림을 그립니다.

흰 종이에 가족을 그리라는 단 하나의 조건에 아이들은 어떤 그림을 그렸을까요? 가족과 함께 텔레비전을 보거나, 뭔가를 먹거나, 운동을 하거나, 청소를 하는 그림 등을 그려놓은 아이들이 일부 있습니다. 그와 달리 각자 방에서 할 일을 하거나, 함께 있는데 나만 테두리로 따로 구분해 놓거나, 사람은 하나도 안 그리고 물건만 잔뜩 그리거나, 엄마, 아빠가 비행기에서 떨어지고 있거나, 나와 엄마만 크게 그리고 나머지 구성원은 개미만 하게 그리거나, 거실의 가구만 잔뜩 그리고 나는 아주 조그맣게 그리는 등 상상하지도 못했던 그림들이 나옵니다.

그렇게 가족화를 그려보는 시간을 매년 갖기 시작하면서 평소

가족의 모습이나 형태와 같은 것 외에도 놀라운 사실을 발견할 수 있었습니다. 꼭 모든 가족 구성원이 아니더라도 일부 가족 구성원이 함께 무언가를 하는, 밝은 기운이 나는 그림을 그린 학생들은 한 반에 삼 분의 일 정도 있었습니다. 24명이었다면 8명에서 9명 정도의 학생들이 그런 그림을 그렸습니다. 공통적으로 이 학생들은 밝고 자존감이 높으며 의욕 있게 학습에 임하고 도전해 보는 학생들이었습니다.

마음의 어두움이 그림으로 나타나다

어두운 그림, 외로운 그림, 어떻게 보면 기괴해 보이기까지 하는 그림을 그리는 아이들은 자존감이 낮거나, 밝고 건강한 관계를 이어가지 못하거나, 학습을 어려워했습니다.

그림을 보고 '어, 이상하네?' 하면 그 아이가 엮인 사건 사고가 일어나는 경우가 많았습니다.

수현이는 공부도, 교실 생활도 아주 모범적이었습니다. 지나치게 모범적이어서 완벽주의가 심한 아이였죠. 가정에서 부모가 정해놓은 기준들이 많았고 그 기준에서 어긋났을 때는 체벌도 하셨습니다. 수현이는 그것을 지켜나가기 위해 애쓰는 아이였습니다. 어느 날 수현이는 의자를 던지고 소리를 지르며 폭발했습니다. 평소 수현이의 태도와 정반대라 모두가 깜짝 놀랐죠. 자초지종을 들어보니 친구와 아주 사소한 갈등이 있었습니다. 부모가 정해놓은 기준들을 맞추다 보니 부모의 눈치를 지나치게 봐왔고, 그것을 넘어서서 친구들의 눈치도 지나치게 보면서 스스로 피해의식이 커진 듯했습니다. 어떤 가족 구성원도 없이 자를 재서 그린 것 같은 완벽한 거실 가구와 수많은 트로피뿐인 수현이의 가족화가 떠올랐습니다.

호연이는 수업 시간에 학습 내용을 따라오기 어려워하는것은 당연하고 친구와 어울리기도 힘들어했습니다. 2학년인데 "선생님, 오줌 싸다가 흘렸어요."라고 말하며 젖은 바지를 보여주는 등 유아적으로 행동했습니다. 학교 들어가기 전까지 할머니의 손에 맡겨졌다가 입학하면서 엄마, 아빠의 품으로 돌아온 아이였습니다. 호연이는 정상적이고 평범한 학교생활을 할 수 없었어요. 하늘에서 비행기가 폭파되고 엄마와 아빠가 떨어지는 그림을 그렸던 그 아이의 가족화가 잊히지 않습니다.

영철이는 잘 지내는 것같이 보였습니다. 가끔 친구들을 놀리고 공부에 큰 관심이 없는 아이 정도로 보일 뿐이었죠. 조금 더 손이 가긴 했지만 타고난 품성이 나쁘지 않았습니다. 친구와의 유대감을 간절하게 원했던 영철이는 자신과 친한 철수와의 사이를 이간질을 하는 다른 친구를 마구 때렸습니다. 결국 학교폭력위원회까지 열리며 갈등은 심해졌지요. 휑한 거실에 앉아 티비를 보는 자신의 모습이 작게 그려졌던 영철이의 그림이 떠올랐습니다.

부모가 아이에게 해주어야 하는 한 가지

교육학자 피에르 부르디외(Pierre Bourdieu)는 부모가 아이에게 물려줄 수 있는 자본으로 3가지가 있다고 했습니다. 바로 경제적 자본, 문화적 자본, 사회적 자본입니다. 경제적 자본은 돈에 관련된 것입니다. 문화적 자본은 경제적 자본으로 가질 수 있는 고급스러운 취미생활이라든가, 그들만의 리그 속에서 형성된 인맥 같은 것을 말을 합니다. 사회적 자본은 부모가 아이와 얼마나 어떤 상호작용을 하느냐, 고급스러운 언어를 사용하느냐와 같은 것입니다.

밝은 기운의 가족화를 그렸던 학생들의 공통점이 꼭 경제적 자본인 것은 아니었습니다. 경제적으로 여유 있는 가정도 있고, 그렇지 않은 가정도 있었으니 말이죠. 그럼 문화적 자본이냐, 그것도 아닙니다. 그 차이는 바로 사회적 자본이었습니다. 어쩌면 너무 뻔한 이야기가 아니냐고 반문할 수 있습니다. 뻔한 이야기라서 잘 잊어버리는 내용이지만 가장 본질적인 이야기입니다.

공부 머리를 위해 가장 최우선이 되어야 하는 것은 바로 사회적 자본입니다. 가족들이 긍정적으로 상호작용을 하는 것이죠. 부모와 자식 관계에 있어서 더 그렇습니다. 물론 욱하거나 혼낼 수도 있습니다. 하지만 수용하고, 공감하고, 지지하고, 격려해 주는 상호작용이 비난하거나, 비교하거나, 공격하는 부정적인 상호작용보다 훨씬 많아야 합니다. 최소한 5 : 1은 되어야 합니다.

초등학생, 공부시켜야 할까?

여기서 다시 고민이 생깁니다. '그럼 공부를 시키는 게 잘못인가? 공부가 없으면 갈등의 반 이상이 사라지는 건데, 아이와의 관계를 지키려면 공부는 시키지 않아야 하는 건가?' 마치 아이와의 관계를 지키는 것과 공부를 시키는 것이 서로 양극에 있는 것처럼 여겨집니다. 그러면 어른이 되고 나서 '어릴 때 공부 좀 더 할걸.' 하는 후회가 생기는걸요. 내 아이는 공부 좀 시켜서 나보다는 나은 인생을 살았으면 좋겠거든요. 공부, 과연 어떻게 시켜야 할까요?

교실에서 보면 공부할 환경만 만들어줘도 충분히 따라올 수 있는데 그렇지 않아서 아쉬운 아이들도 있고, 아이의 수준이나 그릇이 그 정도가 아닌데 과도하게 공부를 많이 시켜서 오히려 안 시키느니만 못한 경우도 봤습니다.

무조건 안 시킨다고 정답도 아니고, 많이 시키는 것도 정답이 아닌데 어느 정도 성취압력을 주어야 할까 하는 것은 아이를 키우는 저도 큰 고민입니다. 일단 '성취압력'이라는 개념에 대해 먼저 알아보도록 하겠습니다.

학업 성취압력

1. 학업적 성과를 평가하거나 그에 따른 보상을 주는 것에 대해 학습자가 느끼는 압력

2. 양육과정에서 부모가 교육에 보다 중점을 두고 자녀에게 높은 학업성취를 요구하는 태도

학업 성취압력이 압박감, 불안, 스트레스 등을 겪게 해서 부정적인 영향을 미친다는 연구 결과도 있고, 오히려 책임감, 생활만족도에 긍정적인 영향을 미친다는 연구 결과도 있어요. 부모의 성취압력은 과연 부정적인 걸까요, 긍정적인 걸까요?

아이와 좋은 관계를 유지하면서
공부를 잘 시키려면?

성취압력은 주관적이다

우리가 생각해야 할 부분은 성취압력은 주관적이라는 것입니다. 부모님이 a의 압력으로 성취압력을 주었지만 아이는 β의 압력으로 느낄 수 있습니다. 즉 동일한 사건도 어떤 사람은 크게, 어떤 사람은 작게 받아들여요.

실제로 부모의 성취압력은 아이가 처한 심리적 환경에 따라 다르게 느낍니다. 어떤 아이는 부모의 성취압력을 자신을 통제하는 수단이라고 인식하고, 어떤 아이는 애정 어린 양육 행동으로 지각한다는 것이죠.

공부를 잘하는 아이는 성취압력이 가해져도 그것을 부담스러워 하기 보다 도와준다고 여깁니다. 하지만 공부를 못하거나 흥미가 없다면 같은 압력이더라도 부담감, 스트레스로 받아들입니다. 실제로 영재 아동이 일반 아동보다 성취압력에 대한 학업 스트레스를 덜 느끼고 학업 소진 정도도 낮게 나타난다는 연구 결과도 있습니다. 즉 성취압력이라는 것은 부모님이 어떤 식으로 주느냐, 아이가 그것을 어떻게 느끼느냐, 아이의 상황이 어떠냐에 따라 긍정적일 수도, 부정적일 수도 있습니다.

근면성 vs. 열등감

에릭 에릭슨(Erik Erikson)은 심리사회적 발달 이론을 수립한 정신분석가입니다. 인간에게는 미리 정해진 8개의 발달 단계가 있는데, 모든 사람은 유전적 기질을 바탕으로 사회적 환경과 상호작용하면서 한 단계씩 거친다고 했습니다. 각 단계를 성공적으로 완수하면 정상적이고 건강한 개인으로 발달해 나갈 수 있지만, 어느 단계에서 실패하면 그 단계와 관련한 정신적 결함을 갖고 살아가게 된다는 것입니다. 이때 발달 단계에 따라 발달 과업이 정해져 있고, 그 핵심적 가치를 달성했는지에 따라 발달 정도를 판단할 수 있습니다. 그럼 초등학생 시기는 어떤 단계일까요?

에릭슨의 심리사회적 발단 단계

자아통합 대 절망(ego integrity vs. despair) Older Adult

생산성 대 침체성(generativity vs. stagnation) Middle-age Adult

친밀감 대 고립감(intimacy vs. isolation) Young Adult

정체성 대 혼돈(identity vs. role confuison) Teenager

근면성 대 열등감(industry vs. inferiority) Grade-Schooler

주도성 대 죄의식(initiative vs. guilt) Pre-Schooler

자율성 대 수치심과 의심(autonomy vs. shame & doubt) Toddler

신뢰 대 불신 (trust vs. mistrust) Infant

사회적 상호작용

바로 '근면성 대 열등감(industry vs. inferiority)'의 시기입니다. 이 시기는 초등학교에 입학하는 학령기 연령대로, 열심히 노력하는 것을 통해 성취감을 맛보기 시작합니다. 이때 자기가 노력한 만큼의 결과를 얻지 못하면 주변 또래 집단보다 뒤떨어진다고 느껴 열등감이 생깁니다. 즉 초등학생 시기의 공부는 근면성을 길러내는 발달 과업이라는 것입니다.

초등학생의 자존감

초등학생의 자존감은 어떻게 이루어질까 생각해 보았습니다.

> 초등학생의 자존감 = 가정 자존감 + 사회 자존감 + 학업 자존감

보통 초등학생의 삶을 생각해 보면 가정에서 시간을 보내고 학교에 가서 친구들과 관계를 맺고 공부를 합니다. 그러니 가정에서 어떻게 상호작용을 하고 친구들과 어떤 관계를 맺고 어떤 학업 성취를 하느냐가 자존감에 영향을 끼치겠지요.

부모님이나 집안 분위기와 관련된 자아는 '가정 자존감'으로 설명할 수 있는데, 부모의 양육법에 영향을 받습니다. '사회 자존감'은 친구와의 관계에서 느끼는 자신에 대한 태도를 말합니다. 이 자존감이 높으면 주변 환경이나 사회관계에서 안정감을 느끼며 소속감을 갖지만, 사회 자존감이 낮으면 자신이 속한 여러 집단에서 불안감을 느낍니다. '학업 자존감'은 자신의 인지적인 능력에 대해 갖는 자아상을 말합니다. 아무래도 학생이다 보니 학교에서 공부하는 시간이 길고 그와 관련된 사건과 학업의 결과가 자존감에 영향을 많이 미치게 됩니다.

세 자존감은 서로 밀접한 연관성이 있습니다. 부모님과 좋은 관계는 친구와의 관계에 자신감을 갖게 하고 공부 정서도 좋게 할 테니까요. 물론 가정 자존감이 낮아도 공부를 잘하면 가정 자존감이 학업 자존감으로 보충될 수 있습니다. 공부는 못해도 축

구나 그림으로 학업 자존감을 채울 수도 있습니다.

학교에서 학생의 신분으로서 살아가는 시기는 '공부'라는 것으로 성취를 해나갑니다. 그러고 싶지 않아도 끊임없이 '공부'로 비교당하고 비교합니다. 어찌 되었든 초등학생의 삶에서 '학업 자존감'은 꽤 큰 비율을 차지할 수밖에 없습니다. 이게 성인이 되면 자신이 하는 일에 대한 '성취 자존감'으로 전환되겠지요.

여기서 우리는 초등학생에게 공부라는 것은 단순히 공부 이상을 의미한다는 것을 알 수 있습니다. 열심히 공부하고 성취해 내며 '근면성'이라는 것을 획득할 수 있는 이 시기만의 '발달 과업'이자 자존감의 원천이 될 수 있다는 것을 말이지요.

우리는 공부를 너무 좁은 의미로 보는 경향이 있습니다. 공부는 삶을 살아가면서 평생 해야 하는 일입니다. 공부를 통해 삶의 태도와 자세를 배울 수 있죠. 어떤 문제에 봉착했을 때 끈기 있게 파고드는 태도, 실패를 경험했을 때 좌절을 극복하는 태도, 스트레스를 이겨가는 태도, 성공 경험이 주는 짜릿함을 느끼고 다시 한번 도전해 보는 태도, 감정을 조절해 나가는 태도, 성실하게 노력하는 태도, 문제 해결 능력까지 공부를 통해 배울 수 있습니다.

공부하는 과정을 통해 성장기 뇌가 발달합니다. 공부란, 뇌의 훈련인 거죠. 초등 교육은 특히나 가장 기초적인 교육이므로 '우리 아이는 수학에 재능이 없어.', '우리 아이는 공부로는 길이 아니야. 다른 길을 찾아줄 거야.' 하는 식으로 포기해서는 안 됩니다.

공부는 어렵고 고독한 일입니다. 혼자서 노력하는 경험을 통해 아이는 많은 것을 배울 수 있습니다. 공부 과정을 차근차근 밟아 나가면서 공부라는 도구를 통해 얻을 수 있는 삶의 태도를 배울 수 있게 해주어야 합니다.

따라서 우리의 고민은 '성취압력을 줄까, 말까?'가 아니라 '성취압력을 어떻게 줄까?'로 바뀌어야 합니다. 즉 공부는 해야 하느냐, 말아야 하느냐가 아니라 서로 관계도 상하지 않고, 자존감도 높이는 방법을 찾아야 하는 것이죠. 잠깐! 혹시 오해하실까 봐 한 가지 짚어둘게요. 1등을 해야만 학업 자존감이 높아지고 발달 과업을 완수하는 것은 아닙니다. 나에게 맞는 성공 경험을 하는 것이 중요합니다.

공부의 결과에만 집착한다거나 가정 경제 상황은 고려하지 않고 공부 관련 지출을 하면 아이에게 부담을 주게 됩니다. 공부하다가 자존감이 낮아지고, 부모와 사이가 좋아지지 않는 것은 공부를 대하는 방식이 잘못되었기 때문입니다. 공부 과정에서 오히려 관계를 돈독히 하고, 잘 배울 수 있도록 지지하며, 성취압력을 어떻게 줄까에 대해 고민해야겠습니다.

성취압력의 세 가지 종류

부모의 성취압력이 표현되는 모습에 따라 성취압력을 세 가지로 나눌 수 있습니다.

1. 성취지향 성취압력
2. 통제적 성취압력
3. 과잉 기대 성취압력

성취지향 성취압력은 자녀의 성취에 대한 부모 기대와 교육적 관심이 큰 경우를 말합니다. 아이의 공부에 관심을 가지고 격려해 주는 태도를 말하죠.

통제적 성취압력은 부모가 자녀의 생활환경을 통제하고 타인과의 경쟁에서 이길 것을 강조하여 좋은 학교를 가야 한다는 진로 기대를 심한 꾸중과 비난의 방식으로 표현하는 태도입니다.

과잉 기대 성취압력은 자녀의 능력에 비해 과도한 기대 수준을 갖는 태도로 자녀의 현재 능력 수준을 고려하지 않고 오직 최고의 성과만 요구하는 경우입니다.

어떻게 성취압력을 주어야 할지 느낌이 오시죠?

성취 지향적 성취압력을 주기 위해서 어떻게 해야 할까?

힘든 일이 있을 때 누군가와 공유하는 상황을 생각해 볼게요.

"오늘 회사에서 힘든 일이 있었어."

A | "그러길래 내 말대로 했으면 됐잖아. 더 열심히 해봐.
거기 안 다니면 뭐 먹고 살려고?"

B | "많이 힘들었겠다. 네가 최선을 다하고 있다는 거 알
아. 내가 도와줄 수 있는 건 없을까?"

힘든 일이 생겼을 때 A와 B 중에서 누구와 대화하고 싶은가요?
당연히 B와 대화하고 싶겠죠? 공부를 하다가 힘들다고 짜증 내
는 아이에게 A형 부모와 B형 부모는 이렇게 말하겠지요.

A | "그러길래 엄마 말대로 했으면 됐잖아. 더 열심히 해
야지. 공부 안 하면 커서 뭐 먹고 살게?"

B | "많이 힘들었겠구나. 그래도 우리 아들 최선을 다하
고 있으니 하다 보면 더 나아질 거야. 엄마랑 더 잘
할 수 있는 방법에 대해 같이 생각해 볼까?"

'공부를 시키는 것'이 문제가 아니라 '공부를 잘할 수 있도록 어
떻게 도움을 주느냐'의 문제인 것입니다. B형 부모의 대화처럼 개
방적이고 긍정적인 대화를 하면 오히려 학업 스트레스가 감소됩
니다. A형 부모의 대화처럼 부정적인 상호작용을 하면 오히려 피
로를 가중시키고 에너지를 고갈시킵니다. 부모와 긍정적인 의사

소통을 할수록 부모에 대한 믿음이 증가하고 관계가 돈독해집니다. 즉 부모의 관여를 아이가 자신의 영역에 대한 침해나 부담스러움으로 받아들이지 않는 것이야말로 양질의 대화라는 것이죠.

성취압력은 어떻게 주느냐가 중요하다

아이가 공부 스트레스를 받을까 지레 겁먹을 필요는 없습니다. 공부를 시키는 것과 관계를 지키는 것을 서로 양립할 수 없는 것으로 생각할 필요도 없습니다.

세상을 살면서 얻는 즐거움이 단순히 쾌락적인 데만 있는 것은 아닙니다. 새로운 것을 배우고, 성취하면서 느끼는 즐거움도 있어요. 아이들이 그러한 즐거움을 느낄 수 있도록 아이의 수준과 흥미를 지켜보면서 긍정적이고 개방적인 의사소통을 하세요.

아이의 공부에 관심을 가지고, 격려해 주고, 필요한 것을 지원해 주는 성취 지향적 성취압력을 하면 긍정적으로 작용할 수 있습니다.

말은 생각을 담습니다. 아이에게 하는 말은 내 생각을 전달하는 그릇입니다. 비록 누구보다 내 아이를 사랑할지라도 사랑하는 마음이 잘못 전달되지 않도록 노력하고 배워야 하는 이유입니다. 이 책을 읽으며 내 아이에게 맞는 성취압력의 방법과 방향을 찾아가면 좋겠습니다. 물론 이 책을 읽다 보면 '도대체 어디까지 하지 말라는 거야?'라는 생각도 드실 거예요. 아이와 부대끼다 보면 화 안 내고 소리 안 지르고 비난하는 말을 안 하는 것은 불가능에 가깝습니다. 그러니 '절대 하지 말자!'가 아니라 '덜어보고 바꿔보자!'의 의미로 생각해 보세요. 습관적으로 하는 말, 어릴 때부터 학교와 가정에서 자주 들어서 아무 지각없이 하는 말속 의미를 살펴보고 실천 가능성을 높여보자는 것입니다. 그러니 너무 '열받아' 하지 마시고 '인지', '지각'에 초점을 맞추어 보아요.

잔소리를 대신해 드립니다

아이들에게 공부를 해야 하는 이유를 설명할 때 이렇게 말해 주곤 합니다.

> 우리는 커서 돈을 버는 일을 해야 합니다. 어른이 되면 부모님으로부터 경제적으로 독립할 수 있어야 하기 때문이지요.
>
> 커서 직업을 갖고 일을 하기 위해서는 그 직업과 관련된 공부를 해야 하는데, 그 공부를 하기 위해서 해야 하는 가장 기본적인 공부가 초등학생 때 하는 것들이에요.
>
> 요리사는 처음부터 멋진 요리를 하는 것이 아닙니다. 채소를 씻고 다듬고 설거지를 하는 지루하고 힘든 기본기부터 배우죠. 멋진 피아노 연주를 하기 위해서는 도레미파솔라시도 계이름을 익히고 악보 읽는 법을 배우

죠. 축구를 잘하기 위해서는 달리기부터 하면서 체력을 기르고 기본 동작을 하나하나 연습합니다. 뭐든지 가장 기본이 되는 것을 익숙하게 하다가 응용도 하면서 여러분들이 보기에 멋져 보이는 일을 하지요.

초등학교에서 배우는 공부는 그런 기본이 되는 것들을 배우는 거예요. 글을 읽고 쓰는 국어, 계산하는 법을 익히고, 도형에 대해 배우고, 다양한 규칙을 찾아보는 수학, 우리가 살아가는 세상의 여러 가지 현상에 대해 배우는 사회, 자연 속에 담겨 있는 규칙을 알아보는 과학, 세상에서 가장 많은 사람이 사용하는 언어인 영어 등을 차곡차곡 배우면 나중에 하고 싶은 일을 위해 필요한 공부를 할 수 있습니다.

"선생님, 저는 안무가가 될 거예요. 그러니까 춤만 잘 추면 돼요. 이 직업은 공부랑은 상관이 없어요." 또는 "선생님, 저는 그냥 게임방송 유튜버로 살 거예요. 그래서 공부 안 해도 돼요."라고 말할 수도 있습니다.

세상에 공부가 필요 없는 직업은 없어요. 훌륭한 안무가가 되기 위해서는 춤도 잘 추어야 하지만 춤과 관련된 공부를 해야 더 멋진 안무를 만들 수 있거든요. 게임방송 유튜버도 그냥 게임방송만 보여준다고 구독자가 느는 건 아니죠. '어떻게 하면 많은 사람이 내 게임방송을 좋아하게 될까?' 고민하고, 다른 유튜버들과 더 멋진 방송을 만들어서 사람들을 끌어모아야 합니다. 그 모든 것이 공부예요. 국영수사과 공부가 그것들과 직접적으로 관련이 없는 것처럼 보여도 그 과정을 통해서 우리는 뇌를 훈련하는 방법을 배웁니다. 또 하기 싫어도 참고 더 해보는 끈기도 배우고, 새로운 그림을 그리고 글을 써보면서 창의적인 생각을 하는 방법도 익히죠. 공부하는 방법을 훈련하고 배우는 거예요. 기본적인 것들을 배워놓아야 정말 하고 싶은 공부를 할 수 있거든요. 지금은 게임방송 유튜버가 되고 싶다고 생각했더라도 크면서 생각은 계속 바뀌기 때문이지요.

"선생님! 저는 하고 싶은 공부가 없어요! 되고 싶은 직업도 없어요!" 이렇게 말할 수 있어요. 그러니 기본적인 공부를 열심히 더 해야 하죠. 지금 공부를 하는 것은 자신만의 무기를 만드는 것입니다. 나중에 정말 하고 싶은 일을 찾았을 때, 무기를 많이 가진 어린이들은 더 멋지게 일을 하고 원하는 공부를 할 수 있거든요. 일해서 돈을 벌면 사고 싶은 것을 사고, 사랑하는 사람에게 선물할 수도 있고, 얼마나 좋겠어요?

"선생님, 저는 그냥 백수가 꿈이에요. 굳이 돈을 많이 벌 필요 없어요. 알바 하면서 살아도 돼요."라고 말하는 친구들도 꽤 봤는데요. 세상의 즐거움에는 2가지가 있어요. 먹고 자고 게임 하고 놀면서 느끼는 즐거움도 있지만 뿌듯한 일을 했을 때 느끼는 즐거움도 있죠. 줄넘기를 잘하지 못했는데 열심히 연습해서 잘하게 되었을 때 뿌듯했던 경험 혹시 있나요? 아니면 글씨 쓰기를 집중해서 했는데 선생님이 잘한다고 칭찬해서 뿌듯한 마음이 든 적은요? 뭔가 힘들지만 다하고 나면 뿌듯했던 경험이 하나쯤은 있을 겁니다.

먹고 자고 놀기만 해서 느끼는 즐거움 말고 열심히 노력한 후에 느껴지는, 뿌듯한 마음으로 인한 즐거움이 우리 모두 필요해요. 여러분도 그런 즐거움을 느낄 줄 아는 어린이가 됐으면 좋겠습니다. 하기 싫은 공부도 꾹 참고 하면 나중에는 '와, 내가 이제 영어도 잘 쓸 수 있게 되었어! 어려운 수학 문제도 풀 수 있게 되었어!' 하는 뿌듯한 마음을 느낄 수 있을 거예요.

지금까지 선생님이 공부해야 하는 이유를 말했습니다. 첫 번째, 지금 하는 공부는 나중에 커서 해야 하는 공부의 기본이자, 공부하는 방법을 훈련하는 것이라는 거고요. 두 번째 그냥 놀고먹는 즐거움 말고 힘든 일을 해냈을 때의 뿌듯함과 즐거움을 느끼면 훨씬 행복해질 수 있다는 것이었어요.

다른 친구보다 공부를 더 잘하는 어린이가 되는 것이
아니라, 작년보다 더 나아지기 위해 스스로 노력하는
어린이가 되었으면 좋겠습니다.

〈이서윤의 초등생활처방전〉 영상에도 올라가 있어요.

2부

공부 정서를 해치는
부모의 말 30

엄마의 말 한마디를 듣고 아이가 용기를 얻어 다시 시작할 수도 있고, 공부가 더 부담스러워질 수도 있습니다. 지루했던 연습을 다시 할 수도 있고, 엄마에 대한 반항으로 공부를 때려치울 수도 있습니다.

해야 할 말을 달달 외워서 실천하려고 하면 잘 안 됩니다. 내가 무심코 한 말 속에 담긴 진짜 의미를 깊이 이해하면서 감정을 정리해야만 실천할 수 있습니다. 이제 그 과정을 함께해 볼 것입니다. 레퍼토리처럼 자주 했던 '공부 정서를 해치는 말 30가지'를 바꿔보는 것입니다. 우리 아이의 공부 정서를 위해 지금부터 다 같이 시작해 볼까요?

· 1 ·

"그러니까 엄마 말
들으라고 했지?"

"학교 다녀오면 바로 숙제부터 해."

"조금만 쉬고 할게요."

조금만 쉬던 아이는 저녁 먹고 한참이 지나서야 공부를 시작합니다. 딴짓까지 하다가 밤늦게까지 숙제를 끝마치지 못한 아이는 온갖 짜증을 내고 울기 시작합니다. 엄마는 말합니다.

"엄마가 뭐라고 했어? 엄마 말 들으라고 했지."

"추우니까 내의 입고 나가."

"싫어, 답답해."

엄마 말을 안 듣고 나갔다가 추위에 벌벌 떠는 아이에게 말합니다.

"그러니까 엄마 말 들으라고 했지?"

어린 시절 겪는 아이의 실패는 대부분 부모가 예상할 수 있습니다. 어른으로서 이미 경험해 본 바가 많아 아이의 행동이 답답하고 이해되지 않을 때가 많습니다. 그래서 시키는 대로 하지 않아서 아이가 실패를 겪게 되었을 때 부모는 이렇게 말합니다.

"그러니까 엄마 말 들으라고 했지?"

"엄마(아빠)가 하지 말라고 했지?", "엄마(아빠) 말 들어서 손해 보는 거 없다고 했지?"와 같은 말을 계속 들으면 아이는 어떤 생각을 하게 될까요? '아, 나는 내가 원하는 대로 하면 일이 잘 안 되는구나.', '내 의지대로 하면 자꾸 실패하는구나.'라고 생각합니다. 자신을 믿을 수 없게 되는 것이죠.

일종의 가스라이팅입니다. 가스라이팅이란, 타인의 심리나 상황을 교묘하게 조작해 그 사람이 스스로를 의심하게 만듦으로써 타인에 대한 지배력을 강화하는 행위로 〈가스등(Gas Light)〉(1938)이란 연극에서 유래한 용어입니다.

가스라이팅 가해자는 피해자의 실수를 과장하는 왜곡을 통해 피해자가 스스로 의심하게 만듭니다. "네 말은 틀렸어.", "너는 너무 예민해.", "네가 말썽을 피워서 엄마가 얼마나 힘들었는지 모른다.", "네가 문제라는 걸 모르겠니?" 등의 말을 반복해 자존감과 판단 능력을 잃게 만들죠. 이러한 행위가 계속되면 피해자는 가스라이팅에 익숙해지면서 가해자의 생각에 동조하게 됩니다. 나아가 자신의 모든 것을 의심하게 되면서 자존감이 점차 낮아지고, 스스로 정확한 판단을 내리는 능력을 상실하면서 일상생활에 어려움을 겪습니다. 가스라이팅은 가정, 학교, 연인 등 주로 밀접하거나 친밀한 관계에서 이뤄지는 경우가 많은데, 보통 수평적이기보다 비대칭적인 권력으로 누군가를 통제하고 억압하려 할 때 이뤄집니다.

분명히 아이는 자기가 원하는 대로 행동했다가 더 안 좋아지는 경우도 있을 것이고, 그런대로 괜찮을 경우도 있을 것이고, 심지어 더 좋은 경우도 있을 것입니다. 하지만 더 안 좋아지는 경우에만 이런 소리를 듣지요.

"그러니까 엄마 말 들으라고 했지?"

아이의 실수가 더 과장됩니다. 그리고 아이는 생각합니다. '내가 스스로 결정하거나 원하는 대로 행동하면 실패하는구나. 잘못되는구나.' 자기에 대한 믿음이 저하되는 것이죠. 제가 너무 무섭게 말했나요? 물론 어릴 때 몇 번 저 말을 들었다고 판단력을 완전히 잃어버리고 스스로 믿지 못하는 사람이 되는 건 아니에요.

하지만 아이의 내면에 좋은 소리를 들려줄 수 있는 다른 말은 분명 있을 겁니다.

-------------------------- 절취선 --------------------------

여기까지 반응은 잘라냅니다. 지금부터 이렇게 하지 않습니다.

실패의 경험을 배움의 경험으로 변환시켜 주세요!
아이는 이미 실패를 통해 자신이 했던 선택에 대해 '뼈저리게' 후회하고 있습니다. 엄마가 하지 말라고 해서 그대로 따랐다가 실패를 경험하지 못하면 겉으로는 엄마 말을 따르고 있어도 괜히 억울한 생각이 듭니다. 모든 사람은 나이가 적든 많든 자율성과 독립성에 대한 욕구가 있습니다. 하지만 부모 말을 따르도록 강요하면 두 욕구가 훼손됩니다.

그러면 어떻게 말하면 좋을까요?

공부를 늦게 시작해서 큰코다친 아이에게 "그럴 줄 알았다. 내 말이 맞았지 않냐?"라고 말하며 통제감을 느끼기보다는 "이번 기회에 더 많은 것을 깨닫고 배웠겠구나." 하면서 아이의 실패를 지지해 주고 격려해 주면 어떨까요? 아이는 온몸으로 배운 실패 속에서 부모에 대한 신뢰감이 쌓일 것입니다.

이를 통해 선택해야 하는 순간에 스스로 믿지 못하고 엄마에게 전화해서 물어보는 성인이 되는 것이 아니라 경험을 토대로 신중한 선택을 하고 그에 대한 결과를 책임질 수 있는 용기를 발휘하게 될 것입니다.

"그러니까 엄마 말 들으라고 했지." (자기 믿음 저하)

→ "이번 기회에 더 많은 것을 깨닫고 배웠겠구나." (선택에 대한 책임과 용기 배우기)

·2·

"학원 다 끊어,
너 알아서 해!"

콘텐츠의 질은 점점 높아지고 있습니다. 교육 전문가이자 콘텐츠 크리에이터로서 객관적으로 봐도 "와, 참 좋다." 싶은 학원, 학습지, 패드 등 다양한 교육 서비스와 콘텐츠가 많습니다. 그래서 우리 아이에게 시켜주고 싶은 것도 다양해요. 수많은 서비스 사이에서 '이런 것은 해야 한다더라.' 하는 것을 골라 아이를 위한 교육 로드맵을 짜봅니다. 물론 부모님의 선택으로 아이가 학원에 다니는 것만은 아닙니다. 아이가 어느 날 집에 와서 말합니다.

"엄마, 나도 발레 배우고 싶어. 민지도 한대."

친구가 배우는 것을 보고 자신도 하고 싶은 마음이 들어 불쑥 말을 합니다. 하고 싶다는 의욕을 발휘하는 게 기특하기도 하고, 친구도 한다는데 안 시켜주면 그것도 못 시켜주는 부모가 되는 것 같고, 내 아이가 느낄 좌절감이 마음 아프고 해서 "그래, 해보자." 하고 등록합니다.

부모가 좋다고 생각해서 시작했든, 아이가 원해서 시작했든 어쨌든 처음에는 해보고자 합니다. 하지만 하다 보면 일종의 '개업발'이 떨어지기 시작합니다. 지루해지고 하기 싫어지면서 학원을 끊겠다고 떼를 씁니다. 그때 이렇게 말합니다.

"다 끊어! 피아노도, 영어도 네가 하는 거 다 끊어!"

"엄마, 오늘만 학원 안 가면 안 돼?"

아이가 또 학원에 안 가겠다고 합니다. 지난주에는 아파서 못 가겠다고 하고, 오늘은 피곤해서 못 가겠다고 합니다. 자꾸 안 가겠다고 하니 돈이 아깝기도 하고, 그건 둘째 치더라도 안 가는 게 습관이 될까 걱정됩니다. 꾸준함도 습관이라고 했는데 자꾸 꾀를 부리는 버릇을 바로 잡아주고 싶습니다. 그래서 눈을 부라리며 단호한 목소리로 말합니다.

"알아서 해!"

학원 다 끊으라고 했던 말, 알아서 하라고 했던 말은 진심이었을까요? 절대 아닙니다. 사실은 협박이죠. 사실 속마음은 이것입니다.

학원 다 끊어, 너 알아서 해!

→ 너 그렇게 말 안 듣고 마음대로 하면 아무것도 안 시켜줄 거야. 엄마 말 들어!

친해지는 데 시간이 오래 걸렸던 준영이가 2학기가 끝날 때쯤 이렇게 말했습니다. "선생님, 저는 엄마가 '네 알아서 해!' 라고 하는 말이 제일 무서워요." 저는 이해가 안 되어 물었습니다. "왜? 알아서 하라고 하면 좋은 거 아니야?"

준영이의 답에 저는 머리가 땅했습니다.

"알아서 하라고 하셔서 진짜 알아서 하면 혼나거든요."

다들 비슷한 경험 있지 않으세요? 이번 명절은 차도 밀리고 복잡한데 내려오지 말아라." 하는 부모님 말씀을 듣고 진짜 내려가지 않으면 부모님은 무척 서운해하십니다. "김 대리, 알아서 해오게!" 하는 상사의 말에 정말 알아서 해갔다가 이따위로 해왔냐는 소리를 듣게 될지도 모르고요.

이것은 바로 이중구속 메시지입니다. '이중구속'이란, 이래도 탈, 저래도 탈인 상황을 뜻하는 심리학 용어입니다. 두 개의 상반

되는 메시지를 전달해서 정서적 불안을 유발하고 어떻게 해도 실패할 수밖에 없도록 덫을 놓는 거예요. '내 마음에 드는 쪽'으로, '내가 원하는 방향'으로 결과를 이끌기 위해 사용하는 이중구속 메시지는 결국 부모 자신이 좋고 편한 방향으로 메시지를 전달하고 통제하는 느낌을 강화시키는 것입니다.

준영이는 유독 눈치를 많이 봤어요. 사실 준영이 엄마의 "알아서 해!"는 정말 "네 알아서 해!"가 아니라 "네가 알아서 내가 원하는 답을 찾아!"였으니까요. 준영이 엄마께서는 제게 준영이가 알아서 밤 12시 넘어서까지 공부를 한다고 자랑하셨어요. '알아서' 엄마의 정해진 답을 찾는 것에 익숙해진 준영이는 친구 관계 속에서도 원하는 것을 말하기보다 친구가 좋아할 만한 답을 말했어요. 그러다 보니 항상 피해의식이 쌓이고 쌓이다 폭발하고 말았지요. 이 패턴이 계속된다면 성인이 되어서도 눈치만 보다가 피해의식이 쌓이고 폭발하는 식의 인간관계가 지속될 거예요.

아이 보고 알아서 하라고 해놓고 부모가 원하는 대로 행동하길 바라거나, 아이가 한 것이 못마땅해 다 뒤집어 부모가 새로 하거나, 매번 허락을 구하도록 만들면 어떻게 될까요? 아이는 점점 더 스스로 판단해서 결정하는 것이 아니라 눈치를 보며 부모가 원하는 행동을 하려고 합니다. 그러다가 결국 사소한 판단조차 하기 힘들어지게 됩니다.

여기까지 반응은 잘라냅니다. 지금부터 이렇게 하지 않습니다.

정말 알아서 해도 되는 것에 자유를 줍니다

아이가 무얼 하든 상관없는 부분에서는 자유를 줍니다. "네 알아서 해."라고 말하고 나서 막상 아이가 답하면 "그건 아닌 것 같은데, 이건 어때?"라고 답을 뒤집는 것이 아니라 정말 알아서 해도 되는 부분에 자유를 주는 것입니다.

선택권이 있어도 되는 부분에 자율을 줍니다

'자율'이란, 그 울타리 안에서 선택하고 책임을 발휘하는 것입니다. 한계를 정해 주고 그 한계 내에서 판단하게 하는 것이죠. '오늘 해야 할 일을 한다.'라는 것은 정해진 규칙인데, 언제, 얼마만큼, 어떤 순서로 하는지는 아이가 결정하는 것입니다. 적절한 한계 내에서 스스로 결정을 내릴 수 있는 안전한 환경을 만들어주면 아이는 스스로에 대한 주인의식을 가질 수 있습니다. 안전한 환경이란, 내가 선택해도 혼나지 않는 상황입니다. 사람은 같은 일이라도 자기가 선택했다는 느낌이 들어야 흥미를 느낍니다. 강요된 것, 꼭 해야 하는 것이라는 압박을 느끼는 순간 갑자기 흥미가 사라집니다. 시키는 일을 하는 것이 아니라 나에게 도움이 되는 것을 스스로 결정하고 선택한다고 느낄 때 자신이 인생의 주인공이라는 느낌을 가질 수 있습니다.

반드시 해야 하는 것에 권위를 발휘합니다

아이에게 반드시 해야 하는 것을 알려줘야 할 때도 있습니다. 아이는 예상되는 위험을 인지하지 못하고 판단할 때도 많으니까요. 양치는 반드시 해야 하는데 "네 알아서 해라."라고 한 뒤 양치를 안 하면 "그럼 되겠어? 왜 넌 항상 그러니?"라고 하면 안 되겠지요. 아이는 더 이상 "네 알아서 해라!"라는 말을 믿지 못하고 스스로 선택하기 힘들어집니다.

"학원 다 끊어, 너 알아서 해!" (이중구속 메세지로 협박)

→ 자유, 자율, 권위를 구분하여 지시

- 현장체험학습 날이라 아이가 학원에 가지 않아도 되겠다는 마음이 있을 때 : "오늘 학원에 갈지, 안 갈지 네가 결정해." (자유)
- 방과 후 교실을 해야 하는 것은 정해져 있는데 어떤 부서를 선택할지는 아이에게 선택권을 줘도 될 때 : "여기 중에서 무엇을 할지 네가 정해." (자율)
- 숙제를 바로 해야 할 때 : "지금 어서 숙제해." (권위)

·3·

"할 수 있다며?"

조금만 크면 아이는 자꾸 이렇게 말합니다. "내가 알아서 할게!"

부모의 간섭이 싫은 것이죠. 하지만 우리는 보입니다. 곧 실패할 거라는 것을요.

아이가 물을 따르고 있습니다. 보니까 곧 흘릴 것 같아서 붙잡아줍니다. 아이는 혼자 하고 싶은 마음에 "내가 알아서 할게."라며 고집을 부립니다. 아니나 다를까 물을 흘립니다. 그 모습을 보고 화가 나서 말합니다.

"네가 할 수 있다며? 한다며!"

아이가 혼자서 방 정리를 할 거라면서 엄마는 방에 들어오지 말라고 합니다. 아이가 방을 정리해 놓은 꼴을 보니 이게 정리를 해놓은 건가 싶습니다. 그래서 아이가 정리해 놓은 방을 엄마가 보기에 깔끔한 대로 정리하며 말합니다.

"알아서 한다며?"

아이의 수학 실력을 보니 도저히 안 되겠어서 학원이라도 보내야 할 것 같습니다. 학원에 다니자 하니 알아서 혼자 한다고 합니다. 그리고 단원평가 점수를 가져왔는데 엉망진창입니다. 알아서 하겠다더니 이렇게 공부해 놓았나 싶어서 말합니다.

"네가 알아서 한다며?"

알아서 했다가 혼나면 억울하고 짜증이 납니다. 분명 알아서 할 수 있을 것 같았거든요. 혼자 해보고 싶었거든요. 아이들에게는 시행착오를 겪을 시간이 필요합니다. 물론 시행착오를 허락한다는 것은 쉽지 않은 일입니다. 아이의 예상되는 실패를 보고 있어야 하기 때문이죠. 또 마음에 들지 않은 결과를 보고 참고 있어야 하거든요.

혼자 해보려고 애쓰는 아이가 실패했을 때 "거 봐라." 하면서 자존심을 깎아뭉개거나 "그럴 줄 알았다. 그러니까 엄마 말 들으라고 했지?"라고 말하면서 시행착오는 좋지 않다는 메시지를 계속 던지면 어떨까요? 아이는 혼자 시도를 해보려고 할 때마다 '엄마가 뭐라고 하겠지?' 생각하며 눈치를 보게 됩니다. 혼나지 않기 위해 매번 엄마에게 물어보고 시키는 대로 하거나 혹은 몰래 혼자 합니다. 엄마는 생각합니다. 아이가 그래도 말을 잘 듣는다고요.

"네가 알아서 한다며!"라고 다그치는 말속에는 "너는 알아서 할 수 있는 나이가 아니야. 아직은 내 품 안에 있어야 하는데 어디서 감히 독립을 시도해?" 하는 마음이 있는 건지도 모르겠습니다.

------------------------------ **절취선** ------------------------------

여기까지 반응은 잘라냅니다. 지금부터 이렇게 하지 않습니다.

혼자 시도해 보려고 하는 점이 정말 멋져!
알아서 해보려고 했다는 점 자체는 격려해 줍니다. "네가 엄마 도움 없이 스스로 해보려고 하는 점이 정말 멋져! 원래 시행착오를 겪고 실패도 해봐야 그다음 단계로 나아갈 수 있는 거야."

방법을 반드시 알려줘야 하는 것이 아니면
그냥 넘어갈 수도 있습니다

특별한 문제를 불러일으키는 것이 아니고 아이 스스로 만족하고 있는 부분이라면 칭찬을 해주고 넘어가는 것이 필요할 때도 있습니다.

생각해 보세요. 내 나름대로 몇 날 며칠 동안 깨끗하게 청소해 놓았는데 시어머니께서 오셔서 "내가 온다고 집 청소를 잘해 났구나. 그런데 정리정돈이 더 필요하겠구나."라고 말씀하신다면? 썩 기분이 좋지는 않을 것입니다. 시어머니이기 때문에 기분이 별로였을까요? 친정어머니께서 말씀하셨어도 '몇 날 며칠 청소했는데 엄마는 항상 칭찬 끝에 단서를 붙이네.' 하면서 서운한 마음이 들어요.

아이가 해놓은 방 청소를 보며 마음에 완전히 들지 않아도 "오, 우리 딸 많이 컸다. 이렇게 스스로 청소도 하고. 방이 몰라보게 깨끗해졌네." 하고 넘어갈 수 있다는 것입니다.

더 잘할 수 있는 방법을 같이 생각해 볼까?

아이가 혼자 해본 후 잘 안 되는 것을 경험했다면 그때는 방법을 알려줄 타이밍입니다. 아마 그때는 아이도 더 받아들일 거예요.

"물 안 흘리게 따르는 방법을 엄마가 알려줄까?"

"학원을 안 다니고 싶으면 혼자서 공부를 더 잘해 보는 방법에 대해 같이 생각해 볼까? 엄마가 도와줄 수 있는 부분이 있는지도 같이 고민해 보자."

혼자 하는 방법을 알려주고 그것을 활용하는 기회를 주면 됩니다. 그러면 스스로 하는 객관적인 성취가 생길 뿐 아니라 내가 할 수 있다는 것을 믿어주고 수용해 주는 사람이 있다는 생각이 들면서 자존감이 높아질 것입니다.

"네가 알아서 한다며(넌 혼자 못 하는 애야)!"

→ "혼자 시도하려는 점이 멋져. 해보고 도움이 필요하면 말해. 더 잘할

수 있는 방법을 알려줄게!" (격려)

"짜증 내지 말고
기분 좋게 말해!"

"엄마!"

엄마가 집안일을 하다가 아이가 하는 말을 듣지 못했습니다. 아이가 자기 말을 들어달라며 짜증 섞인 말투로 말합니다.

"엄마한테 짜증 내면서 말하지 말라고 했지?"

오늘 해야 할 숙제를 하자고 했더니 아이가 짜증을 내며 말합니다.

"힘들어!"

아이가 짜증 내는 게 불편합니다. 뭔가를 요구하거나 싫다고 징징댈 때, 기분 나빠할 때 감정은 전이되고 전달되기에 부모의 마음도 좋지 않지요. 그래서 말합니다.

"기분 좋게 말하라고 했지?"
"짜증 내지 말라고 했지?"
"엄마한테 그게 뭐야? 기분 좋게 말해, 기분 좋게."

아이가 부정적인 감정을 표현하면 그 감정이 전달되어 부모도 기분이 나빠집니다. 감정을 조절해야 하는데 부모 역시 쉽지 않습니다. 아이의 부정적인 감정이 전달되지 않게 차단하는 방법을 선택합니다.

"기분 좋게 말하라고 했지?" 그럴 의도는 아니었지만 '부정적인 감정을 갖는 것은 나쁘다.'라는 메시지를 주게 됩니다. 세트로 같이 말하는 말이 있습니다.

"다시 기분 좋게 대답해야 엄마가 해줄 거야."
"그런 거는 기분 나쁜 거 아니야."
"그렇게 말하면 안 해줘."

만약 이 말을 듣고 아이가 부정적인 감정 표출을 멈추었다면 그것은 두려움 때문이지 근본적인 욕구가 해소되어서 멈춘 것은 아닙니다. '욕구를 표출하면 억압을 받는다.'를 배우는 순간입니다. 우리는 아이를 굴복시켜 기싸움에서 이기려고 합니다. "어디서 건방지게 부모 앞에서 그런 말버릇을 쓰고 짜증을 내느냐?" 하고 맞받아칩니다. 우리도 그렇게 배웠기 때문입니다. 아이는 겉으로 순응하는 것 같지만 속으로는 여전히 부글부글 끓어오르고 있습니다. 부모의 억누름이 심해지면 심하게는 복수심까지 생깁니다.

저희 아이에게 "왜 그렇게 짜증을 내? 엄마한테 기분 좋게 말해."라고 했더니 이렇게 말하더라고요. "지금 기분이 안 좋은데 어떻게 좋게 말해?"라고요. 그 말을 듣는 순간 머리가 띵했습니다. '그렇구나. 기분이 안 좋은데 기분 좋게 말하라고 하는 것은 기분이 좋아야 한다고 강요하고 있는 거구나.' 하고요.

인간은 성숙한 두뇌를 갖고 태어나지 않습니다. 막 태어나서 만 3세까지 뇌세포인 뉴런과 뉴런이 연결되어 시냅스가 만들어지는데요. 그 이후로 만 15세까지 많이 활용되는 시냅스의 회로는 강력하게 연결되고 관련 없는 시냅스는 제거하는 가지치기가 이루어집니다. 어린 시절의 경험이 두뇌를 조각한다고 볼 수 있지요.

어린 시절 자신의 괴로움을 처리하고, 충동을 통제하며, 인내하는 이 모든 것들이 뇌에 시냅스 회로를 구성하여 크면서는 쉽게 변하지 않습니다.

기분 나쁠 때, 부정적인 감정이 생겨났을 때 어떻게 해소하는지 알려주지 않으면 아이는 자기감정을 거칠게 표현하거나 표현하지 않고 입을 다물어버리게 됩니다. 혹은 억지로 참다가 잘못된 방법으로 터뜨립니다. 부정적인 감정을 표출하지 못할 때 몸은 긴장합니다. 정서적 억압은 아이의 정서에도 영향을 미쳐 지적인 활동을 방해합니다. 자존감에도 부정적인 영향을 주는 것은 물론입니다. 아이가 분노를 표출했을 때 부모가 수치스럽게 여기거나 부인한다면 아이는 성인이 되어도 자신의 분노를 제대로 다룰 수 없습니다.

자신의 감정에 열려 있을수록 타인의 감정을 더 잘 알 수 있습니다. 자기감정을 모르는 상태에서 다른 사람이 감정을 털어놓으면 당연히 당황스럽고 상황 파악을 하기도 어렵습니다. 자신의 감정을 명료하게 이해하고 표현하면 답답하고 모호했던 정서 경험 덩어리가 사라지니 안정감을 찾게 되고 에너지가 줄어 공부할 때 집중이 잘되고 성적이 오릅니다.

아이에게는 부정적인 감정을 느끼고 표현할 권리가 있습니다. 하지만 그 감정을 허용되지 않은 감정으로 만들면 부정적인 감정을 느낀다는 것에 죄책감과 수치심을 느끼게 됩니다.

자기의 마음속에서 나오는 목소리를 믿지 못하게 되죠. 나의 마음속에 귀 기울일 수 있으려면 마음속 목소리에 대한 신뢰를 갖고 있어야 합니다. 그 시작은 나의 감정에 대한 믿음입니다. 내가 불편하게 느끼면 '이건 불편한 거다.', 내가 부정적으로 느끼면 '이건 부정적인 거다.' 하는 믿음이요.

갈등을 어떻게 해결하는지가 친구와의 관계의 질을 결정하곤 합니다. 친구와 갈등이 일어났을 때 어떤 갈등 해결 전략을 사용하느냐는 사람마다 다릅니다. 친구에게 모두 다 맞춰주는 '양보형' 전략, 항상 내가 원하는 대로 고집을 부리는 '지배형' 전략, 갈등에서 항상 삐치는 '회피형' 전략, 내가 원하는 것과 친구가 원하는 것을 협의하는 '협력형' 전략 중에서 선택합니다. 인기가 많은 아이들은 어떤 전략을 선택할까요? 4가지 전략을 다양하게 선택하고, 특히 협력형 전략을 많이 사용합니다.

갈등 해결 전략을 적절하게 선택하려면 어떻게 해야 할까요? 갈등이 생기면 부정적인 감정이 생깁니다. 즉 부정적인 감정이 생길 때 어떻게 감정을 다스리느냐가 갈등을 잘 해결하는 열쇠입니다. 화와 짜증을 주체할 수 없을 때 보드게임을 마구 흐트러뜨리고 소리를 지르고 무조건 삐치는 식으로 갈등을 해결하려고 합니다. 부정적인 감정을 처리하는 방법을 배우지 못하면 스스로 감정 조절을 하기 힘들고 관계에도 도움이 되지 않습니다.

-------------------------------- **절취선** --------------------------------

여기까지 반응은 잘라냅니다. 지금부터 이렇게 하지 않습니다.

수용하고 공감합니다

아이가 짜증을 내는 모습을 보일 때 짜증이라는 감정을 어떻게 해결하고 조절하는지 가르칠 기회라고 생각해 봅시다. 우리는 아이 감정의 소용돌이 속에 절대 같이 휘둘려서는 안 돼요. 아이가 느끼는 감정을 혼내는 것이 아니라 감정을 조절하는 마음의 힘을 기를 수 있도록 도와줘야 합니다.

아이가 짜증을 많이 낸다면 여기서 처음으로 해주어야 하는 건 무엇일까요? 우리는 가끔 시집살이로 인한 서러움을 남편이나 또는 다른 사람들에게 끊임없이 말하는 사람들을 보곤 합니다. 처음에는 '그런가 보다.' 하다가도 '아니, 몇십 년 지난 이야기를 또 하는 거야?'라는 생각이 듭니다. 사실 이 사람은 그 서러움을 진정성 있게 공감받아 본 적이 없기 때문에 그러는 거예요. **공감은 감정의 소화기입니다. 공감받으면 서러운 감정이 사라집니다.**

부정적인 감정을 제거하기 위해서는 표현해야 합니다. 격한 감정을 표출할 때는 심장 박동이 빨라지고 소화기관에 집중되었던 혈액이 근육으로 이동하며 아드레날린이 방출되고 호흡이 가빠집니다. 이와 같은 상황에서는 주위에서 아무리 진정하라고 해도 소용이 없습니다. 그럴 땐 아이가 분노를 말로 표현할 수 있도록 적극적으로 경청하고 수용해 주어야 합니다. 안전한 배출구를 마련해 주어야 하는 것이죠.

저희 아이는 정서적으로 민감할 뿐 아니라 감정조절을 하는 것을 정말 힘들어했습니다. 소리를 지르기도 하고, 물건을 던지기도 하고, 자기 얼굴을 때리면서 자해도 했어요. 상담을 꾸준히 받아오면서 제가 할 수 있는 노력을 했는데요. 이때 제가 했던 것 중에 가장 중요한 것은 온전하게 감정을 받아주는 것이었어요.

아이가 격렬한 감정을 표출하려면 적절한 시간과 장소 그리고 들어주는 사람까지 삼박자가 맞아야 합니다. 아이가 그렇게 부정적인 감정을 표현했던 데는 분명한 이유가 있어요. 저는 아이의 좌절된 욕구를 들여다봐 주었습니다.

"보드게임 더 하고 싶었는데 자라고 해서 속상했구나. 더 하고 싶었구나." 이 욕구를 읽어주고 공감해 주는 것조차 불가능할 때가 있어요. 아이가 정말 자기감정을 주체하지 못할 때가 있거든요. 가만히 안아주고 1부터 10까지 숫자를 센 뒤, '마음의 신호등에 빨간불을 켜자.'라고 말해 줘요. 안전한 베개를 주고 치거나 종이를 찢을 수 있게도 해줘요. 화가 조절이 안 될 때 마음의 신호등에 빨간불을 켠 뒤 10까지 세고, "나는 -해서 속상해요. -해서 서운해요."라고 말하는 것을 끊임없이 훈련했습니다. 어느 순간 혼잣말로 자기감정을 다스리더니 이제는 잠깐의 시간으로 자신의 감정을 정리하고 표현할 수 있게 되었습니다. 이 모든 것은 온전한 수용에서 가능했습니다.

교실에서도 지나치게 뽀족하게 가시 난 아이들이 있습니다. 한 아이는 수업 시간에 '엄마' 이야기만 나와도 울었고, '여자'에 대한 혐오 감정이 짙어서 체육 시간에 여자 친구에게 피구공을 맞아 아웃이 되면 "역시 여자들은 다 이상해!"라고 소리를 지르곤 했습니다. 저는 그 아이를 혼내지 않았습니다. 진정될 때까지 앉아 있게 했고, 가만히 옆에 있어 주기만 했습니다. 그렇게 저에 대한 믿음이 쌓인 후 아이는 시키지 않아도 자기 속마음을 털어놓기 시작했지요.

"선생님, 저희 엄마는 제가 세 살 때 집을 나갔어요. 저희 아빠랑 엄마는 카페에서 만났대요. 아빠가 엄마는 미국에 있을 거라고 했어요."

"그렇구나. 엄마가 많이 보고 싶었겠다. 그래도 우리 호민이 멋지게 잘 자라고 있네."

그렇게 자기 마음을 털어놓고 공감받고 나더니 엄마 단어만 들으면 울던 것도, 여자아이들에게 괜한 심술을 보였던 것도 사라졌습니다. 고등학생이 되어서도 종종 "선생님, 잘 지내시죠?" 하면서 연락이 오곤 했습니다.

뾰족한 친구들에게 처음 필요한 것은 예의 지도도 아니고, 감정 표현법도 아닙니다. 그냥 그 자체로 온전하게 수용해 주는 것입니다. "많이 힘들었구나, 그랬구나." 하고 말이지요.

어릴 적에는 감정의 경계가 발달되지 않아서 특히나 어른들의 말에 더 큰 영향을 받습니다. 감정을 수용하고, 불편한 감정을 다루는 방법을 알려주세요. 사실 화나 짜증이 치솟아 올라왔을 때 10초만 지나도 감정의 소용돌이는 훨씬 나아집니다. **사랑스러운 표정으로 침묵하고 쳐다보거나, 꼭 안아주어서 일단 감정의 불을 끈 후 지금 아이가 표현하는 감정의 밑바탕에 깔린 욕구를 들여다봐 주세요.**

우리는 보통 아이의 잘못된 행동에 화를 내고 굴복시킵니다. 그 후에 주눅 든 아이 모습을 보고 그제야 "우리 아들 잘 크라고 엄마가 그렇게 한 거야." 하는 식으로 감정을 받아주는 척을 합니다. 가르칠 것은 가르치고 감정을 받아주는 것이 아니라, 감정을 받아주고 나서 가르칠 것을 가르치는 것입니다.

3단계를 반복하세요

아이가 집에서 짜증을 낼 때마다 혼나요. 그러면 어떻게 될까요? '아, 부정적인 감정은 표현하면 안 되는구나.' 하고 생각하는 거죠. 그 감정을 허락하지 않는 거예요. 그런데 부정적인 감정을 공감해 주고, 해소하도록 도와줘요. 엄마, 아빠가 내 편이라는 생각이 드는 거예요. 부정적인 감정을 표현할 때 딱 세 단계만 반복해 주세요. 그런데 이 세 단계가 이론적으로는 쉽지만 절대 실전에서는 쉽지 않으실 겁니다.

1단계_ 수용하고 기다려주기

아이의 감정이 휘몰아쳤을 때 인내심을 발휘하면서 잠시 기다립니다. 이때 인내심은 아이를 위한 것이기도 하지만 부모 자신을 위한 것이기도 합니다. 아이의 부정적인 감정이 부모에게 옮겨오면서 부모도 주체하지 못하고 비난하는 말이 나가곤 하거든요.

"지금 많이 짜증 난 것 같으니 우리 서윤이 화가 좀 가라앉으면 같이 이야기하자."

2단계_ 감정 공감하고 명명하기

"우리 서윤이가 엄마한테 많이 서운했구나.", "많이 불안하구나." 하고 공감하며 아이가 느낀 감정을 명명해 주면 분노와 불안은 조금 가라앉아요. 감정을 설명해 주는 것은 감정에 대한 통제감을 부여해 주는 것이거든요.

3단계_ 방법 알려주기

부정적인 감정을 해소하고 조절하는 방법을 여러 가지 방법으로 알려주세요. 감정을 조절하는 다양한 레퍼토리가 있어야 필요에 따라 선택할 수 있기 때문이에요.

1। 중요성을 낮추어라

"그럴 수 있어."

다른 사람도 모두 겪는 일이라고 느끼면 불쾌한 감정은 한결 완화됩니다.

2 | 인지적으로 회피하라

"생각하지 않는 방법도 있어."

불쾌한 감정을 유발한 자극이나 생각을 떠올리지 않는다면 그로 인한 부정적인 감정을 덜 느낄 수 있습니다.

3 | 다른 데로 주의를 돌려라

불쾌한 감정을 유발하는 생각을 하지 않기 위해 다른 데로 주의를 돌리는 방법이에요. 청소를 하거나, 달리기를 하거나, 잠을 자거나, TV를 볼 수도 있지요.

4 | 즐거운 일 생각하기

"먹고 싶은 음식을 생각하거나, 좋아하는 게임을 생각하거나, 방학 때 여행 가기로 한 것을 생각해 볼 수도 있어."

즐거운 일을 생각하는 방법을 알려주세요.

5 | 위안이 되는 말 되뇌기

"괜찮을 거야."

"다 지나갈 거야."

"걱정한다고 문제가 해결되는 것은 아니야."

"잘할 거야."

"아무 일이 일어나지 않을 거야."

힘든 일이 생겼을 때 용기를 주는 말을 생각해 놨다가 쓸 수 있
도록 도와주세요.

6 | 문제 해결 행동 취하기

불쾌한 감정을 일으키는 대상이나 상황에 직접 개입하여 문제
를 해결합니다.

7 | 조언이나 도움을 구하기

주변 사람들에게 조언을 구하거나 직접 도움을 요청합니다.

8 | 친밀한 사람 만나기

친구와 수다를 떨면 기분이 나아지기도 합니다.

우리도 사람인데 아이가 짜증을 낼 때마다 받아주는 것을 매번
할 수는 없습니다. 10번 욱하던 것 중에 2번만 이 단계를 지켜보
세요. '꾹 참고 - 공감하고 - 방법 알려주기'

처음에는 아마도 사리가 나올 겁니다. 그런데 하다 보면 익숙해
지고, 아이도 부정적인 감정을 조금씩 조절할 수 있게 됩니다.

선을 그어줄 때도 있습니다

아이의 짜증을 받아주고 있자면 걱정됩니다. 아이의 짜증을 멈추게 하지 않으면 더 심해지는 것 같거든요. 공감해 주고 수용해 주다가 그게 도를 지나친다 싶으면 "너만 짜증 나고 화나는 거 아니야. 지금 다른 친구도 화가 나고 선생님도 화가 나.", "그 짜증은 엄마가 만든 건 아니잖아. 엄마한테 짜증을 낸다고 달라지지는 않아." 하고 짜증이라는 감정에 선을 그어야 할 때도 있습니다. 하지만 이 방법은 충분한 수용과 공감이 누적되었을 때, 신뢰가 쌓였을 때, 아이의 뾰족한 가시가 어느 정도 뭉툭해졌을 때 하기를 바랍니다.

아이의 마음이 어느 정도 단단해지면서 저도 공감을 해주는 비율이 줄어들고, 선을 긋거나 지도하는 비율이 좀 더 늘었습니다. 하지만 충분한 공감의 토대가 있는 상태에서 단호한 지도가 들어가니 아이가 감정 표현을 놀랍게도 잘해 줍니다.

부모가 아이의 말에 공감하며 경청할 수 없는 상황도 있습니다. 그럴 때는 솔직하게 말해 주는 것이 좋습니다. "엄마도 들어주고 싶은데 지금 속상한 상태야. 조금 진정하고 들어줄게."라고 말합니다. "애들은 몰라도 돼."라고 말하면서 부모가 왜 기분 나쁜지 말해 주지 않으면 아이는 혹시 나 때문에 엄마, 아빠가 기분이 나쁜 건 아닌가 싶어 두려워하고 눈치를 봅니다. 기분이 좋지 않은 일이 생겼을 때는 너 때문이 아니라는 사실을 알려줍니다.

내 감정을 먼저 받아들여 주세요

부모가 아이의 감정이나 요구를 들어주려면 스스로 불안하면 안 됩니다. 부모도 자기의 진짜 욕구나 감정을 알 수 있어야 해요. 아이의 기분을 강요하지 말고, 있는 그대로 받아들여 줄 수 있도록 오늘도 엄마의 마음부터 스스로 받아들이고 사랑해 주시기 바랍니다.

"기분 좋게 말하라고 했지?"

"짜증 내지 말라고 했지?"

"엄마한테 그게 뭐야? 기분 좋게 말해, 기분 좋게."

→ "많이 힘들었구나." (감정 조절의 3단계 반복)

"엄마가 꼭 화내야만
말을 듣니?"

"이제 그만 게임하고 공부 좀 해야 하지 않을까?"

좋게 말을 시작합니다. "네."라고 했던 아이는 대답을 했다는 것도 잊어버렸는지 그대로 게임을 하고 있습니다.

"그만 좀 해라!"

소리를 지르니 슬슬 눈치를 보면서 게임을 끄고 책을 폅니다.

"엄마가 꼭 화를 내야 말을 듣니?"

"엄마가 네 방은 스스로 치우라고 했지?"

꽥 소리를 지르고 나서야 아이는 몸을 움직이기 시작합니다. 저절로 이 말이 나옵니다.

"엄마가 꼭 화를 내야 말을 듣니? 한 번 말하면 들어라, 좀. 두 번 말하게 하지 마."

부모가 소리를 지르면서 화를 내면 안 들리던 소리가 그제야 제대로 들리는 경우도 많아요. 하지만 매번 그렇게 화내야만 아이가 말을 듣는다면 서로가 서로에게 화내야 말을 듣는 관계로 강화되고 있는 겁니다. 그 고리를 끊어내는 것이 필요합니다.

교실에서 친구들과 지내다가 화나는 일이 생겼습니다. 화가 나는 것은 잘못이 아닙니다. 하지만 그것을 어떻게 표현하는지 몰라서 친구에게 욕을 했다고 해볼게요. 친구와 사이가 틀어지겠죠. 게다가 '화'라는 감정이 마음 깊은 곳에서 사라지지 않습니다. 해소되지 않은 감정이 있을 때 주의를 계속 뺏기게 되어 하루 종일 공부가 잘되지 않습니다.

아이가 짜증과 화를 내면서 예의 없이 말하면 우리는 "엄마한테 그렇게 말하는 거 아니야." 하며 아이가 말한 내용이나 억양으로 트집을 잡거나 예절교육을 시켜요. 이때 아이가 배우는 것은 '부정적인 감정을 어떻게 표현하느냐?'가 아니라 '부정적인 감정을 표현하면 혼난다.'라는 사실이지요.

아이가 힘들고 스트레스를 받으면 자신의 감정을 처리하고 전달하는 방법을 모르기 때문에 떼를 쓰거나 물건을 던지거나 소리를 지르며 감정을 표출합니다. 답답하고 힘든 마음에 집중이 되지 않아 학습 효과가 떨어지는 것은 당연하고요. '화'라는 감정을 처리하는 방법을 배우는 길은 부모가 '화'를 내지 않고 원하는 것을 얻어내며 협의하는 것을 모델링하는 것입니다. 부모 역시 결국 원하는 것을 '화'로서 얻어내면 아이 역시 '화'를 내어 원하는 것을 얻어내려고 합니다.

물론 아이를 키우고 지도하면서 화를 안 낸다는 것은 불가능합니다. 단 한 번의 '화'가 아이의 잘못된 행동을 고쳐주는 경우도 분명히 있습니다. 하지만 그게 습관이 되거나 부정적인 감정을 아이에게 쏟아붓는다면 관계는 악화됩니다. 부모가 가장 쉽게 화를 낼 수 있는 대상은 아이거든요. 화를 안 낼 수는 없습니다. 하지만 노력해야 하는 부분은 분명히 있습니다. 그러면 쌓이는 나의 '화'는 어떡하냐고요? 이건 에필로그의 '부모의 감정 처리법'을 참고해 주세요. 추가로 하나 더 말씀드리자면, 화를 안 내고 해결하는 관계가 반복되면 오히려 아이와의 관계가 단단해지면서 큰소리 내지 않고도 훈육이 가능해집니다.

여기까지 반응은 잘라냅니다. 지금부터 이렇게 하지 않습니다.

해결 방법을 찾는 협의의 3단계를 이용하세요

1단계_ 침묵하기

만약 아이가 버릇없이 군다거나 부모의 기대대로 행동하지 않으면 화가 날 수밖에 없어요. 아이의 행동이 나의 어떤 감정을 자극했기에 화가 나고 기분이 나쁜 건지 생각합니다. 5분 동안 아무 말도 하지 않는 거죠. 부모나 아이 모두 서로 진정하는 시간입니다. 꼭 정해진 시간이 있는 건 아닙니다. 바로 감정 조절이 가능하면 1단계는 금방 건너뛸 수도 있어요. 서로 경멸하고 비난하지 않도록 마음의 화를 잠시 꺼뜨리는 시간이에요. 저도 무척이나 다혈질이라 한 템포 쉬는 1단계가 필요하더라고요.

2단계_ 싸우지 말고 협력적으로 논의하기

'어떻게'를 활용해서 질문하세요. 어떻게 하면 좋을지 질문하면 아이는 생각합니다. 그렇다고 답이 바로 나오는 건 아니에요. 답을 생각했다고 실천으로 바로 이어지지 않을 수도 있고요. 하지만 문제의 해결을 위해 고민하고 방법을 선택했다는 것 자체가 책임감을 불러일으킵니다.

"네가 최선을 다하고 싶어 하는 건 엄마(아빠)도 알아. 그러니 이 문제에 대해 함께 노력해 보자. 어떻게 하면 좋을까?"

"평일은 핸드폰을 사용하지 않아야 한다고 생각해. 그러려면 어떻게 하면 좋을까?"

"할 일을 먼저 하고 놀려면 어떻게 해야 할까?"

이렇게 물었는데 아이가 아무런 대답을 하지 못하면 객관식으로 바꾸어서 선택지를 주거나 범위를 좁혀도 좋습니다.

"하루에 얼마나 스마트폰을 사용해도 좋다고 생각해? 얼마나 줄일 수 있어?"

"학교 끝나고 집에 와서 쉬고 싶은 마음이 든다면 공부를 몇 시부터 시작하는 게 네 컨디션에 가장 좋을 거 같니?"

이런 식으로 말이에요. 누구나 '자율성'을 희망합니다. 강요하는 것보다 훨씬 효과가 좋아요. 259쪽 '공부 정서를 키우는 대화 10계명'의 '문제 해결하기'를 보면 이해가 더 잘될 것입니다.

3단계_ 긍정적인 부분에 초점 맞추기

우리는 아이가 잘하는 행동을 당연하다고 여길 때가 많아요. 처음에는 칭찬을 하다가도 반복되면 익숙해지고 맙니다. 2단계에서 약속을 하고 조금이라도 긍정적인 부분이 보이면(혹은 보이는 것 같은 느낌이 들랑날랑하면) 그쪽에 초점을 맞춥니다.

교실에서 글씨를 엉망으로 쓴 준희에게 어떻게 하면 글씨를 잘 쓸 수 있을지 물었어요. 갸우뚱하는 준희에게 말했죠. "선생님이 비법 하나 알려줄게. 힘을 줘서 진하게 글씨를 쓰면 못 쓴 글씨도 잘 써보여. 해볼 수 있겠어?" 이렇게 2단계를 거쳤지만 다음 수업 시간에 준희는 힘을 주지 않고 글씨를 쓰고 있었어요. 하지만 이렇게 말합니다.

"준희야! 봐 봐! 글씨에 힘을 주고 쓰니 글씨가 잘 쓰는 것처럼 보이네."

힘을 안 준 것 같은데 선생님이 잘 써 보인다고 하니 갸우뚱해 하면서 힘을 주기 시작합니다. 긍정적인 부분에 초점을 맞춘 효과입니다.

아이를 바로잡아 주고 필요하다면 단호하게 허용선을 그을 수 있습니다. 하지만 두려움, 당황, 수치심, 죄책감 같은 격한 감정 없이 대화가 이루어져야 합니다. 부모가 자신을 나쁜 아이로 몰아세우지 않는다는 점을 알면 아이 역시 방어적인 태도를 버리고 함께 협의해 나가려고 합니다.

타당한 한계 내에서 아이가 스스로 결정을 내릴 수 있게 하면 주인의식을 가질 수 있습니다. 닦달 때문에 부모 말을 듣는 아이가 아니라 자신이 내린 선택을 통해 생각하는 아이가 되는 것이죠.

아이가 원하지 않는 행동을 한다. → 화를 내거나 수치심을 자극

한다. → 억지로 부모의 말을 따른다(머리가 크면 이것조차 듣지 않고 반항한다).

아이가 원하지 않는 행동을 한다. → 침묵하고 화가 나는 감정에 대해 생각한다. → 어떻게 해결할 수 있을지 대화하고 아이에게 선택하게 한다. → 아이가 옳은 행동을 할 때 긍정적인 피드백을 준다. → 원하지 않는 행동을 할 때 눈을 바라보며 단호하게 행동을 정한다.

이상적으로 들리시나요?

관계가 나빠지는 방법을 쓰지 마시고 한 번 시도해 보세요. '침묵하기 → 협의하기 → 강화하기' 3단계입니다.

> "꼭 화내야만 말을 듣니?"
>
> → "어떻게 하면 해결할 수 있을까?" (문제 해결하기)

"너 학원 보내려고 내가 지금 얼마나 고생하는지 알아?"

옷부터 화장품이나 책에 이르기까지 살까 말까 몇 번이나 고민하다 못 사는 게 수두룩한데, 아이의 학원비는 아깝지 않은 마음으로 결제합니다. 내가 배우고 싶은 것에 돈을 쓰는 건 하지 못해도 아이가 배우고 싶다고 하면 '이때 아니면 언제 또 경험할까?', '부모가 되어서 이것도 못 해주면 안 되지.' 하는 생각으로 결제합니다. 부모의 역할은 먹여주고 입혀주는 것뿐 아니라 발달 시기에 맞는 교육을 하게 해주는 것도 있으니까요. 제각각 가정 사정에 맞게 아이에게 교육 경험을 제공합니다.

아무리 아깝지 않은 마음으로 결제했다 하더라도 아이가 학원에 가서 제대로 하고 오지 않는 것 같고, 설렁설렁 학원 전기세만 내주는 것 같고, 머릿수만 채우고 오는 것 같고, 자꾸 빼먹으려고 하면 아까운 마음이 샘솟습니다. '내가 학원비 대려고 이 고생을 하는데 감사히 여기기는커녕 다니기 싫어해?' 억울한 생각이 울컥 듭니다. 그래서 아이에게 이렇게 말합니다.

"너 학원 보내려고 내가 지금 얼마나 고생하는지 알아?"

저 말을 하는 부모의 생각은 이렇습니다. 일단 나의 억울함과 희생하는 마음을 하소연하고 풀어내고 싶은 마음, 그리고 아이가 '아차, 우리 부모님의 고생으로 다니는 학원이니까 열심히 다녀야지!' 하고 결심했으면 하는 마음.

1950~1960년대만 해도 장남의 대학 교육을 위해 형제자매들이 희생하는 일이 다반사였습니다. 그렇게 성공한 한 명이 나머지 가족에 대한 책임까지 져야 했지요. 장남은 가족의 희생을 원동력 삼아 '헝그리 정신'으로 이 악물고 공부했습니다. 하지만 그러한 동기가 나를 위해서 좋은 것일까요?

이 방법은 아이에게 죄책감을 갖게 하는 수법입니다. 물론 아이는 '엄마(아빠)가 고생하면서 학원을 보내주니까 열심히 해야 해.'라고 생각을 할 수도 있어요. 하지만 동시에 '나는 엄마(아빠)를 힘들게 하는 아이야.'라는 생각도 들어요. 그리고 '아니, 누가 보내

달래? 나는 다니기 싫은데?' 하는 반항적인 생각도 듭니다.

어린 시절 어려운 집안 형편으로 피아노 학원에 다니지 못한 부모는 내 아이만큼은 피아노 학원에 보내고 싶습니다. 악기 하나 연주할 줄 아는 인생을 살았으면 하는 마음에 지금은 다니기 싫어해도 나중에는 아이가 나에게 고마워할 것으로 생각하지요. 하지만 아이가 불평을 자꾸 하니 부모의 내면아이가 스파크를 일으키며 반응해요.

"나는 다니고 싶어도 못 다녔는데 너는 다니게 해준다는데도 어디서 불평이야!"

그리고 이어서 말을 합니다.

"너 학원 보내려고 내가 지금 얼마나 고생하는지 알아?"

이 말 역시 일종의 가스라이팅이에요. 원하는 결과를 얻기 위해 '고생하는 부모의 마음도 모르고 자기 마음대로 하는 아이'로 자녀를 깎아내리면서 나의 통제 안에 들어오게 하려는 것입니다. 지속적으로 이런 말을 들으면 아이는 '나는 부모님을 힘들게 하는 아이'라는 자아상을 가지면서 자존감이 낮아져요. 그래서 자신의 욕구를 정당하다고 생각하지 못해요. 결국 진심으로 기쁜 선택보다 부모님을 기쁘게 하기 위한 선택을 하게 됩니다. 억울하고 힘든 마음을 드러내고 하소연하고 싶은 부모의 심정을 대체하기 위한 다른 방법은 없을까요?

------------------------------ 절취선 ------------------------------

여기까지 반응은 잘라냅니다. 지금부터 이렇게 하지 않습니다.

아이의 마음은 아이 것입니다

우리의 목적은 아이가 죄책감을 갖는 것도, 자신의 욕구를 정당하게 생각하지 못하게 하는 것도 아닙니다. 그저 자신의 배움에 의욕을 가졌으면 하는 바람인 것이죠. 엄마의 희생과 고생을 아이가 알아주면 좋겠지만, 알지 못해도 어쩔 수 없다는 마음을 가져야 합니다. 부모로서 생색내는 마음보다 부모의 역할로서 해야 할 것을 하는 것이고, 이것에 따른 자식의 마음은 자녀 본인들 것으로 생각해야 합니다. "너희들이 잘 사는 게 엄마의 행복이다."라는 말은 진심이어야 합니다. 사실 그러려면 부모는 정말 성숙한 마음을 가져야 합니다. 무엇보다 지나친 희생이라고 생각되는 경계선을 알아야 합니다. 가정 상황에 따라 희생이라고 생각되는 경계는 다르기 마련이니까요.

함께 방법을 찾아야 합니다

아이가 학원에 다니는 것을 싫어하거나 힘들어하면 "학원 다니는 게 많이 힘들어?", "그렇구나, 지루했구나." 하면서 먼저 마음을 공감해 주세요. 그다음 "어떻게 했으면 좋겠어?" 하고 아이의 의견을 물으며 함께 협의해 보세요. 중요한 것은 부모가 '혼내거나 취조하는 위치'로 대화를 시도하는 것이 아니라는 사실을 전하는 겁니다. 그러려면 정말 그런 마음을 먹으셔야 해요. 혼내는 것이 목적이 아니라 도와주는 것이 목적이기 때문이지요. 비난하고 통제하는 것이 아니라 협의하며 방법을 찾아가는 게 최종 목적입니다.

학원에 가기 싫어하고 짜증을 내면서도
학원을 끊고 싶지는 않다고 하는 경우

아이도 학원을 끊는 게 불안해서일 수 있고요, 힘든 마음을 공감받고 싶은 마음일 수도 있어요. 둘 사이에서 어느 쪽인지 아이 스스로 인지하지 못했을 수도 있습니다. 특히 고학년이 되면 주요 과목 학원을 그만두는 걸 불안해하는 경우가 많거든요. 그럴 때는 "너무 힘들면 잠시 끊고 집에서 엄마랑 해보다가 다시 다니는 것도 방법이야. 원래 이런저런 방법을 시도해 보면서 나에게 맞는 방법을 찾아가는 거야. 혼자 공부하는 방법을 익히는 기회로 삼을 수도 있고, 학원에 돌아가고 싶다는 생각을 할 수도 있는 거고. 대신 학원을 끊고 어떻게 공부할지에 대해서 엄마와 함께 계획을 세워보자." 이렇게 방법을 제안하고 함께 고민해 주시는 것입니다.

힘든 마음을 공감받고 싶은 경우 "정말 힘들겠다. 어렸을 때 엄마(아빠)는 그렇게 못 했는데. 우리 아들(딸)이 힘든 마음을 견뎌내고 새로운 것들을 배워나가는 모습이 정말 대단하고 멋있어. 혹시 너무 힘들어서 그만두고 싶으면 엄마(아빠)에게 언제든지 말해 줘."라며 공감해 줍니다.

부모가 보기에 다녀야 할 것 같은데 끊는다고 하는 경우

부모가 보기에 학원의 도움을 받아야 할 것 같은데 아이가 싫다고 하는 경우 그 이유를 알아보는 것이 중요하겠죠? 같이 다니는 친구와 갈등이 생겨서 일수도 있고, 학원 선생님이 싫어서일 수도 있고, 학원 시험이 부담스러워서일 수도 있습니다. 이유를 알면 다른 학원으로 옮기거나, 집에서 공부하는 등 다양한 계획을 세울 수 있어요. 단순히 그냥 다니기 싫어한다면 집에서 공부를 하면서 나의 공부에 책임을 지는 방법에 대해 생각해 봅니다. 한 달이면 한 달, 3개월이면 3개월, 약속한 시간 후에 계획대로 실천되고 있는지 살펴보면서 잘 지켜지지 않았다면 다른 방법을 찾아보는 것이죠.

만약 이런 이유를 알 수조차 없이 대화가 잘 되지 않는다면 그동안 아이와 신뢰를 쌓지 못한 것입니다. 내가 무슨 말을 하면 '엄마(아빠)는 비난해, 평가해, 자기가 원하는 답으로 나를 무조건 설득하려고 해.'와 같은 생각이 굳건하게 자리 잡은 것이죠. 이럴 때 필요한 것은 딱 두 가지입니다. '경청'과 '수용'. 그동안 못 쌓은 신뢰를 더 긴 시간 동안 회복해야 합니다. 아이의 마음과 입이 열릴 수 있도록 말이지요.

"엄마(아빠)가 너 학원 보내려고 지금 얼마나 고생하는지 아니?"

(죄책감 유발)

→ "많이 힘들었구나. 어떻게 하면 좋을까?" (문제 해결 방법 협의)

"넌 스티커 받으려고
공부하니?"

공부 습관을 길러주기 위해서 계획을 세우고 공부를 할 때마다 스티커를 주기로 했습니다. 공부하라고 하니까 "엄마, 지금 공부할 테니까 스티커 하나 더 주면 안 돼?"라고 물어봅니다. 영어책을 한 권 더 읽자고 하니 "그거 읽으면 스티커 몇 개 더 줄 건데?"라고 묻습니다.

공부의 재미를 조금이라도 느껴보라고 만든 스티커 판인데 공부가 목적인지, 스티커가 목적인지 모르겠습니다. 스티커 받으려고 겨우 하는 공부가 무슨 소용이 있을까 싶습니다. 이러다가 스티커를 안 주면 공부를 하지 않을까 걱정입니다. 보상을 계속 주어도 될까, 이러다 보상의 노예가 되는 것은 아닐까 염려됩니다. 그래서 이렇게 말합니다.

"넌 스티커 받으려고 공부하니?"

교실에서도 마찬가지입니다. 재미있게 공부하면 좋겠는 마음에 게임을 만들어서 수업 시간에 활용하면 시작도 하기 전에 이렇게 묻습니다. "이기면 뭐 줘요?"

그 마음은 충분히 이해됩니다. 아무리 내재적 동기가 중요하다고 해도 차비 만 원이라도 챙겨주는 곳에 더 마음이 가는 것은 어른도 마찬가지니까요. 스티커 받으려고 공부하는 것도 기특한 일이에요. 아무리 보상으로 꾀어도 그것마저 공부의 동기가 되지 않는 무기력한 아이들도 많으니까요. '스티커 받으려고 공부하는 것을 혼내는 것'은 (과한 일반화일지도 모르겠지만) 어른들에게 '돈 받으려고 일하냐고 묻는 것'과 어느 정도는 비슷하다고 생각해요.

------------------------------ **절취선** ------------------------------

여기까지 반응은 잘라냅니다. 지금부터 이렇게 하지 않습니다.

내재적 동기와 외재적 동기의 관계를 생각해 봐요

내재적 동기는 행위 자체의 즐거움과 만족감을 얻는 것이에요. 내재적 동기가 높다는 것은 공부하면서 그 자체로 스스로 유능해지는 느낌이 드는 것, 즐겁다고 느끼는 것, 주어진 공부 과제가 흥미롭다고 느끼는 것 등을 말합니다. 공부하는 자체가 보상으로서 작용하므로 외부적 보상이나 제약에 크게 의존하지 않아요.

반면에 외재적 동기는 그걸 하면 좋은 걸 받거나, 안 좋은 걸 피하려고 공부하는 것입니다. 공부 자체 말고 외부의 무언가에 의해서 움직인다는 거예요. 칭찬, 스티커, 장난감, 게임 시간 획득, 벌의 회피 등과 같은 결과를 얻을 것으로 기대하고 공부하는 거죠.

내재적 동기를 느끼면 당연히 더 주의를 집중하고, 공부한 내용도 스스로 잘 정리해 보려고 하고, 궁금한 것도 해결하고, 모르는 것은 더 알아보며, 부족한 것은 더 연습해 보려는 태도가 나타날 것입니다. 이런 과정을 통해서 공부의 질이 높아지고, 같은 시간을 공부해도 더 많은 내용을 깊이 있게 학습하면서 '나는 잘할 수 있다!'는 마음이 계속 생기게 되지요.

우리 아이가 외재적 동기 말고 내재적 동기로 공부 좀 했으면 좋겠다고 생각하실 거예요. 그런데 많이 오해하는 부분이 이것입니다. 내재적 동기와 외재적 동기를 이분법적으로 생각하거나 스펙트럼과 같다고 여기는 것이죠. 보통 내재적 동기가 높으면 외재적 동기가 낮고, 외재적 동기가 높으면 내재적 동기가 낮을 것으로 생각합니다. 혹은 외재적 동기에서 내재적 동기로 점점 바뀐다고 여기기도 합니다. 그래서 '스티커를 받으면 공부하는 외재적 동기에서 공부 자체가 재밌는 내재적 동기로 바뀌는 건 도대체 언제야?'라고 생각하신다는 거예요. 그래서 "선생님, 외재적 동기 말고 내재적 동기로 언제 공부하게 될까요?"라는 질문을 많이 하세요.

그러나 대부분의 연구[1]에서 내재적 동기와 외재적 동기가 독립적인 관계를 유지하며 작용하는 것으로 밝혀졌습니다. 내재적 동기와 외재적 동기가 모두 높거나 낮을 수도 있고, 하나는 높고 다른 하나는 중간 정도일 수도 있는 등 다양한 경우의 수가 존재할 수 있다는 것이죠.

그렇잖아요. 블로그에 글을 쓰는 게 재밌는데 돈도 벌 수 있다면 외재적 동기가 부여되어서 더 열심히 하는 사람이 있고요. '돈을 받으면서 의무적으로 한다고 생각하니 재미가 떨어지네?' 하는 것처럼 외재적 보상 때문에 내재적인 동기가 떨어지는 사람도 있어요.

그런데 말이죠. 처음부터 공부가 재미있는 아이들은 거의 없습니다. 우리가 텔레비전에서 보는 영재나 천재 같은 소수의 경우

---

1 (하대현, 2002; Pintrich & Schunk, 2002). (Deci & Ryan, 2000), (Schunk, Pintrich, & Meece, 2007) (Schunk, Pintrich, & Meece, 2007)

를 제외하고는 말이죠. 보통은 외재적 동기가 높고, 내재적 동기
는 공부하다가 중간중간 뿌듯해지는 순간이나, 공부가 재미있
는 순간에 생기는 것입니다.

내재적 동기라는 것은 외재적 동기 다음 단계로 변환되는 것이
아니라 순간순간 찾아오는 것입니다. 어린아이도 공부하다가 재
미있어지는 순간이 오잖아요. 성공 경험이 많아지면 횟수는 점점
잦아지는 것이죠. 그러니 외재적 동기를 이용하여 내재적 동기를
느끼는 순간을 계속 만들 수 있게 해주는 것이 필요합니다.

내재적 동기를 높이기 위한 세 가지

첫 번째는 자기결정성, 즉 선택권을 허용하는 것입니다. 간단하
게는 줄넘기를 한다고 해볼게요. "오늘 줄넘기 목표를 몇 개 이
상으로 해볼까? 우리는 3학년이니까 최소 50개는 도전해 보
고 50개 이상 중에서 목표를 주체적으로 정해볼까?" 이 정도의
선택권을 주는 것입니다. 아이는 "나는 오늘 60개 도전할래.",
"100개 도전할래.", "500개 도전할래." 하는 식으로 목표를 선
택하면서 그 목표를 성취했을 때 뿌듯함을 느낄 수 있습니다.

단, 선택권이 지나치게 많이 부여될 경우 행동 동기가 감소하고,
선택을 원활하게 하지 못하는 부담 현상이 발생할 수 있습니다.
그러므로 학습 경험이 부족하거나 자기효능감이 낮은 경우 무
제한적인 자유를 주는 것이 아니라 어느 정도 울타리 안에서 선

택권을 주도록 해야 합니다. 예를 들어, "오늘 독서와 수학, 영어를 해야 하는데 어떤 순서로 할래?"와 같은 식으로 말이죠.

두 번째는 적당하게 도전적인 과제를 제공하는 것입니다. 너무 어려운 것은 좌절감을 주고, 너무 쉬운 것은 흥미를 잃게 마련이죠. 난이도가 일정한 퍼즐 문제를 해결할 때보다 점점 난이도가 높아지는 퍼즐을 수행할 때 학습자의 내재적 동기가 더 높아집니다. 단순히 영어 대화문을 따라 하는 것을 반복하는 것보다 처음에는 따라 하고, 다음에는 빈칸을 넣어서 말하고, 그다음엔 모두 외워서 말하는 식으로 적절하게 도전 수준을 조정하면 훨씬 더 재미있게 참여할 수 있습니다. 아이의 수준에 맞는 문제집을 제공하는 것은 도전적인 과제를 제공하는 것입니다.

세 번째는 피드백을 제공하는 것입니다. 내가 해야 할 숙제가 있는데 아무도 확인해 주지 않습니다. 어떤 부분이 잘못되었고, 무엇을 더 배워야 하고, 어떤 건 잘했는지 아무 피드백도 받지 못합니다. 그러면 하고 싶어질까요? 피드백은 학습 자체에 대한 흥미를 가질 수 있게 합니다. 잘한 것은 더 잘하게, 부족한 부분은 보완해야겠다는 자극을 받을 수 있습니다.

정체성에 대한 칭찬을 해주세요

외재적 동기에 의해서 움직였지만 내재적 동기를 건드려주는 칭찬을 해주세요. 단순히 "오늘 할 일 다했네. 잘했으니 스티커 받자."

하는 외재적 동기에서 더 나아가 아이의 정체성을 '절제력을 가진 아이', '공부의 뿌듯함을 느낄 수 있는 아이', '계획을 세운 것을 지키는 힘을 가진 아이' 등으로 만들어서 칭찬해 주는 것입니다.

"역시 우리 아들은 계획을 세우고 지킬 수 있는 사람이야."

"자기가 말한 것을 지키는 것은 쉽지 않은 일인데, 네가 그렇게 지키려고 노력하는 모습을 보고 엄마가 배운다."

"대부분 자기가 말한 것을 지키지 못해. 그런데 넌 그것을 지키려고 노력하니 대단한 거야."

"역시 넌 포기를 모르는 사람이야."

이런 식으로 말입니다. 보통 "넌 왜 그렇게 행동이 느리니?", "저희 애가 부끄러움이 좀 많아요.", "누굴 닮아서 이렇게 게으르니?"와 같이 부정적인 낙인을 자주 찍습니다. 하지만 긍정적인 정체성 칭찬은 의식적으로 해야 그나마 가능합니다. 단순히 과제나 행동에 대한 칭찬 외에 "○○한 사람"이라는 칭찬을 자주 해서 내재적인 동기를 높여주세요.

"스티커 받으려고 공부하니?"

→ 선택권, 도전적인 과제, 피드백 제공

"역시 포기를 모르는 사람이야." (정체성에 대한 칭찬)

"엄마 위해 공부해? 다 너 위해 하는 거지!"

아이가 질질 끌려오는 느낌으로 공부를 할 때면 '내가 이렇게까지 해야 하나?' 싶습니다. 다 자기를 위해서 하는 건데 마치 엄마를 위해서 공부를 해주는 것처럼 생색을 내는 꼬락서니를 보고 있자니 '뭐 하자는 건가?' 싶습니다.

사실 아이 공부시킬 시간에 스마트폰이나 텔레비전을 보면서 가벼운 시간을 보내고 싶고, 공부하라고 기싸움하면서 악역을 자처하느니 '죽이 되든 밥이 되든 네 알아서 해.'라고 해서 아이에게 환호받는 엄마가 되고 싶습니다. 그렇게 두면 나중에 커서 "왜 엄마는 나 어릴 때 공부하라고 안 했어?" 이런 원망을 들을까 싶고,

자기 밥값도 못하는 어른이 될까 걱정됩니다. 한편으로는 자식을 그렇게밖에 못 키운 부모가 되는 게 부끄럽기도 하고요.

도살장에 끌려가듯이 공부하는 아이에게, 혹은 공부를 안 하겠다고 반항하는 아이에게 참다 참다 소리를 지릅니다.

"엄마 위해 공부해? 다 너 위해 하는 거지!"

건강해지려고 개인 헬스 트레이닝을 등록했는데 트레이너가 식단을 관리하고 운동을 하라고 하면 답을 피하고 싶고 짜증도 납니다.

필요성을 느끼고 하는 것도 힘든데 왜 해야 하는지도 모르겠고 지루하기만 한 공부는 어떨까요? 자기를 위한 것이라는 생각이 들까요? 점점 엄마가 공부를 부탁하는 상황이 되어 갑니다. 아이는 엄마를 위해 공부를 한다는 생각이 무의식적으로 들고, 급기야 엄마에게 반항하는 방법으로 공부를 거부하는 선택을 하기도 하죠.

------------------------------ 절취선 ------------------------------

여기까지 반응은 잘라냅니다. 지금부터 이렇게 하지 않습니다.

과연 누구의 욕구인지 생각해 보는 시간을 갖습니다

아이가 공부를 잘하면 부모의 어깨가 으쓱해집니다. 아이가 공부를 못하면 왠지 자식 교육을 잘못한 것 같습니다. 워킹맘은 일을 하느라 아이 공부를 제대로 못 봐준 것 같아 미안하고, 전업맘은 집에만 있으면서 아이 공부도 제대로 안 봐주고 뭐하냐고 할까 봐 두렵습니다. 아이를 위하는 마음에서 시작되었던 것이 나중에는 부모의 쓸모, 교육 방식에 대한 증명 수단으로 옮겨 가기도 합니다. 아이가 행복한 미래를 영위했으면 좋겠다는 욕구인 줄 알았는데, 잘 들여다보면 내가 엄마 역할을 잘하고 있다고 인정받고 싶은 욕구의 얼굴을 하는 경우도 많습니다.

아이보다 더 많은 경험을 한 어른이 미래 지향적인 판단을 하고, 누구보다도 아이를 위한 판단을 할 수 있다고 생각합니다. 하지만 잠깐 'STOP'을 외치고, 과연 지금 내가 아이에게 원하는 것이 누구의 욕구인지 돌아보는 시간이 필요합니다. 우리에게는 알아차리는 시간이 필요하거든요. 순도 100퍼센트 부모를 위한 욕구, 순도 100퍼센트 아이를 위한 욕구는 없습니다. 당연히 섞여 있기 마련이죠. 다만 아이를 위한 욕구가 훨씬 더 많은 비율을 차지해야 합니다.

공부의 필요성에 관한 대화를 나눠봅니다

"엄마를 위해 공부해? 다 너를 위해 하는 거지!"라는 말이 무조건 나쁜 것만은 아닙니다. 현실을 직시하게 하는 역할도 하거든요. 실제로 엄마를 위해 공부하는 게 아니라 나를 위해 공부하는 것이 맞고요. 하지만 이게 참 억양이 중요합니다. 이상적인 모범답안을 생각해 보자면 이렇습니다.

"엄마는 네가 더 멋진 미래를 살아갔으면 해서 최대한 많이 지원해 주고 싶은 마음이 있어. 네가 나중에 힘들어하고 후회하면 엄마 마음이 더 아플 것 같아. 엄마가 널 아무리 사랑해도 네 삶은 네 것이지 엄마의 것은 아니란다. 지금 네가 공부하는 것은 너의 미래를 위한 것이지 엄마를 위한 것은 아니라는 사실을 생각해 보면 좋겠다. 너 자신을 사랑하는 방법 중 하나가 공부를 하는 것이야."

모범답안은 맞지만 제대로 말하기 쉽지 않아요. 그래서 한마디로 압축해서 충격요법을 사용하지요. 말 한마디로 공부에 대한 동기가 생기지는 않을 수 있어요. 설사 좋게 대화하면서 공부가 왜 필요한지 함께 생각했다 하더라도 그게 지속되는 것은 쉽지 않습니다. 하지만 서로 기분 나쁘고 남는 것 없이 끝나는 대화 말고 한순간이라도 남는 것이 있는 대화, 몇 년이 지나서 '아, 그때 엄마의 말이 이런 의미였구나.' 하는 대화를 시도해 보는 것은 분명히 도움이 될 것입니다.

유용성은 외재적 동기의 높은 단계입니다

나중에 도움이 될 것으로 생각해서 공부하는 것은 아주 수준 높은 단계라는 것을 생각해 보면 좋겠습니다. '학습 동기'는 자발적으로 공부를 하려고 하는 상태를 말하는데요. 공부 자체가 재미있어서 하는 것이 내재적 동기, 공부 이외의 것, 즉 보상을 위해서 공부하는 것이 외재적 동기라고 생각해 볼 수 있습니다.

외재적 동기에도 수준이 있는데요. 엄마가 장난감을 사준다고 해서 공부하는 단계를 지속하다 보면 공부를 안 하면 찜찜해서 공부하는 단계로 이어집니다. '찜찜함'이라는 것이 공부 자체의 즐거움을 의미하는 것은 아니므로 외재적 동기라고 볼 수 있습니다. '공부하면 나중에 수능 볼 때 도움이 돼서' 등으로 유용성을 생각하는 단계는 외재적 동기 중에서 가장 높은 단계에 해당됩니다.

외재적 동기의 단계

공부하면 칭찬받아 → 공부를 해야만 해 → 공부하면
좋다고 했어

보상을 바라는 단계 → 찜찜함을 → 유용성
느끼는 단계   때문에 하는 단계

아이는 나중에 도움될 것으로 생각하고 공부하는 단계가 아직 아닙니다. 엄마한테 혼날까 봐 공부하고, 스티커 받으려고 공부를 한다는 것이죠. 그게 너무 당연한 단계라고 생각한다면 마음을 비우는 데 조금은 도움이 되지 않을까 생각합니다.

"엄마 위해 공부해? 다 너 위해 하는 거지?"

→ "네가 성공했다는 뿌듯함을 느끼며 스스로 더 많이 사랑할 수 있게 되면 좋겠어."

"왜 그렇게 게으르니?"

학교에 가는 것도, 학원에 가는 것도, 공부해야 하는 것도 아이 일인데 왜 맨날 엄마 마음만 바쁘고 조바심이 나는지 모르겠습니다. 아이에게 자꾸 잔소리하기 싫은 건 엄마도 마찬가지입니다. 하지만 시간을 질질 끌면서 꾸물거리는 모습에 소리를 지르게 됩니다.

"누구 닮아서 그렇게 게으르니?"

행동이 느리고 꾸물거리는 아이를 보면 속이 터지는데 학교에서도 그럴까 봐, 괜히 미움받을까 봐 더 걱정됩니다. 빨리하라고 협박도 해보고 달래보기도 하는데 아무래도 엄마 말은 귀 막고 듣지 않습니다.

아이의 정체성을 가두는 말, 부정적으로 판단하고 낙인찍는 말을 자꾸 하면 아이는 정말 그런 아이가 되고 맙니다. 특정한 순간에 아이가 보인 행동에 꼬리표를 붙이고 평가하는 것은 아이가 언제든지 변화할 수 있다는 사실을 거부하는 말입니다.

원래 게으름은 선택적입니다. 하고 싶은 것에는 게으름을 보이지 않고, 하기 싫은 것에는 게으름을 보이기 마련이죠. 대부분 아이가 게으름을 피우는 것은 하기 싫은 과목을 공부하거나 정리정돈을 할 때 등입니다. 게으름을 피우기 쉬운 것들, 하기 싫은 것들이 대부분이죠. 게으르다고 하니 그 말이 싫어서 일부러 더 꾸물거리며 수동공격을 하는 걸 수도 있고요.

아이가 정말 꾸물거리는 것일 수도 있고, 아이는 살짝 느릴 뿐인데 엄마 마음이 급한 것일 수도 있어요. 게으름은 상대적입니다. 같은 아이의 행동도 내가 급할 때 더 느리게 느껴지지 않던가요?

저는 어릴 적부터 게으르다는 소리를 귀에 인이 박이도록 들어왔어요. 저희 어머니는 그 누구보다도 부지런한 분이셨거든요. 지금은 그때 부린 사치스러운 게으름조차 피우지 못할 정도로 요리하고 살림하고 아이 키우고 일하면서 살고 있습니다. 타고난 기질도 있지만, 어쩌면 아이는 지금 내 품속에서 누릴 수 있는 사치를 부리고 있는 건지도 몰라요.

한편 꾸물거리는 것을 단순히 아이가 게을러서라고 뭉뚱그려서 생각하기에는 여러 원인이 있습니다. 어떤 원인이냐에 따라 다르게 접근하는 방식이 필요합니다. 그렇지 않으면 아이는 '꾸물거리는 아이', '게으른 아이'라는 정체성에 갇혀서 속 터지는 존재만 될 테니까요.

------------------------------ **절취선** ------------------------------

여기까지 반응은 잘라냅니다. 지금부터 이렇게 하지 않습니다.

비판단 언어, 변화될 수 있는 언어를 사용해 보세요

생각은 판단하기를 좋아합니다. 특히 다른 사람을 판단하는 것을 좋아합니다. 타인의 외모나 말, 실력을 판단하고 싶은 마음이 솟구칠 때마다 판단하려는 자신의 마음을 알아차려 보세요. 그리고 판단하려는 마음이 들었다는 것을 인지하고 흘려보내세요.

아이가 '게으른 것'이 아니라 '지금 해야 할 일을 안 하는 것'입니다. 내가 게으른 사람인 것은 변화할 수 없는 사실이지만, '지금' 해야 할 일을 안 하는 것은 언제든지 바뀔 수 있습니다. 아이를 변화할 수 있는 사람으로 만드는 에너지가 우리에게 있습니다.

"왜 그렇게 게으르니?", "왜 그렇게 느리니?" 말고 "학교 갈 준비를 해야 하는데 아직 텔레비전을 보고 있구나.", "아침에 학교 갈 준비를 하는 데 30분 걸렸네."처럼 현재 상황을 관찰하고 묘사해 보세요. 혹은 "오늘따라 준비 시간이 오래 걸리는구나."와 같이 오늘은 그렇지만 언제든지 변화할 수 있다는 의미를 전달해 보세요. 판단 말고 객관적인 관찰과 묘사로 표현하는 것을 연습해 봅니다.

"언제부터 할래?", "지금 시작할래? 10분 후에 시작할래?" 이렇게 질문해 보세요. 내가 선택한 것에는 아무래도 더 책임감을 발휘하기 마련입니다.

"너 왜 그렇게 게으르니? 당장 텔레비전 꺼!"라고 비난하고 권위로 꺾어버리는 화법 말고 네가 공부를 할 것은 당연한데 언제 시작하냐는 문제일 뿐이라는 메시지, 즉 네가 공부를 할 것이라는 믿음을 전달해 보세요.

"숙제 지금 시작할래? 10분 후에 시작할래?"

"10분 후에 공부 시작할게요!"라고 말하고 정말 10분 후에 텔레비전을 끄는 아이의 모습을 볼 수 있을 것입니다.

집중성이 낮은 아이에겐 구체적으로 지시합니다

집중성이라는 것은 초점을 맞추어 집중하고 주의를 오래 유지하는 능력입니다. 집중성이 낮다는 것은 다양한 자극 중 자신이 지금 주의를 기울이는 것, 집중해야 하는 자극을 선택하는 것이 어려운 것입니다. 집중성이 낮으면 당연히 어느 하나에 주의를 유지하기 힘듭니다. "지금 학교 가자!"라고 해도 지금은 학교에 가야 하는 시간이라고 생각이 바로 이어지지 않고 기억되지도 않습니다. 보고 들은 것을 생각으로 연결시키려면 **모호한 설명이 아닌 아주 구체적인 방법으로 지시해야 합니다**. "가방 들고 현관으로 가자." 하는 방식으로요. 기억을 유지하는 것이 힘들다면 짧은 빈도로 자주 말합니다.

1. "정리 시간이야. 책은 책꽂이에 꽂자."
2. 공책을 손가락으로 톡톡 가리키면서 "책꽂이에 꽂아라."
3. "꽂아라." 책꽂이를 가리킨다.

이런 지시와 안내에 다급함이나 귀찮음이 담겨 있으면 안 되고 평서문으로 안내사항을 알려줍니다.

지속성이 높으면 조율하고 실천할 수 있도록 도와줍니다

지속성이라는 것은 원하는 것을 지속하려고 하는 마음이에요. 꾸물거리는 아이 중에는 지속성이 높은 이유도 있습니다. 지금 하려고 하는 것을 계속하고 싶어서 꾸물거리는 것이죠.

지속성이 높으면 하고 싶은 것을 기어이 계속 하려고 하는데요. 이것은 나쁜 의도가 있다기보다 지속성이 너무 강해서 통제하는 힘이 약한 것입니다. 반항하려고 하거나 무시하려고 하는 것이 아니라는 것이죠. 지속성이 높아서 주변 자극에 대해 감각을 열어놓고 있지 않다는 거예요. 밥을 먹는 시간인데 만화책을 계속 보겠다고 하면 언제, 어떻게 할지 조율합니다. 몇 분 더 볼지, 몇 페이지 더 볼지 말하고, 5분을 방치하는 것이 아니라 5분은 아이의 근처에서 관찰하고 기다렸다가 "5분을 정확하게 지켜줘서 고맙다." 하고 칭찬합니다. "오늘은 규칙을 정확하게 알려주지 않아서 마무리하는 시간 5분을 주었지만, 다음에는 식사 시간에 맞추어 책을 마무리하고 밥을 먹자." 하고 정확하게 알려줍니다.

"누구 닮아서 그렇게 게으르니?" (판단 결론의 언어)

→ "학교 갈 준비를 해야 하는데 아직 텔레비전을 보고 있구나.", "아침에 학교 갈 준비를 하는데 30분이나 걸렸네." "언제부터 할래?", "지금 시작할래? 10분 후에 시작할래?" (비판단, 과정의 언어)

"어디서 말대꾸니?"

공부 좀 하라고 했더니 "엄마는 왜 핸드폰 하면서 나한테 공부하라고 해?", "방금 하려고 했어.", "알아서 할 거야."라고 대꾸합니다. 하지만 도대체 언제 알아서 할 건지 알 수 없습니다. 심지어 이제는 씩씩거리면서 노려보기까지 합니다. 공부하기 싫은 건 알겠는데 저런 식의 태도가 괘씸하고 마음에 들지 않습니다. 내 앞에서 기가 꺾이는 모습을 봐야 분이 좀 가라앉을 것 같습니다. 어른이라는 권위를 이용하여 말을 합니다.

"어디서 말대꾸야?"

"그게 어디서 배운 말버릇이야?"

"누가 그렇게 쳐다보래?"

단순히 어른의 권위로 대화를 풀어나가려고 하는 것은 아이를 이기기 위한 기싸움밖에 되지 않습니다. 어른 앞에서 보여야 하는 태도가 있기 마련이지만 그렇다고 어른 앞에서 무조건 져야만 예의 바른 것은 아니니까요. 결국 아이가 지는 모습을 봐야 속이 편한 어른의 마음에서 비롯된 것입니다. 관계의 질은 기분이 좋을 때가 아니라 기분이 좋지 않을 때 결정됩니다.

부모와 아이의 성향에 따라서 갈등이 일어나는 빈도도, 강도도 각기 다릅니다. 어떤 아이는 순응적이라 부모가 지시하면 웬만하면 따르고, 어떤 아이는 자신의 감정에 대한 분출성이 커서 과도하게 감정표현을 합니다. 부모도 세고 아이도 세면 서로 더 부딪힙니다. 부모는 기가 세고 아이는 기가 약하면 순응하다가 불만을 수동공격으로 표현합니다.

수동공격이란, 다른 사람에 대한 공격적인 감정을 직접적으로 표현하지 않고 간접적인 행동으로 드러내면서 불만을 나타내는 것을 말합니다. 공부가 싫은 게 아니라 엄마가 싫어서 일부러 공부를 안 한다거나, 대답도 하지 않고 꾸물거리는 행동을 하는 것 등이 해당됩니다.

자신의 마음을 표현했다가 혼나는 것이 반복되면 아이는 자기

표현력이 약해지고 타인의 주장에 맞추려는 데 익숙해집니다. 그러다 보니 친구 관계에 있어서 싫어도 싫다고 하지 못하고, 친구들이 하자는 대로 그 의견에 무조건 맞춥니다. 그게 쌓이면 소심한 복수, 즉 수동공격을 하거나 분노로 폭발합니다.

학교에서 슬슬 전화가 오기 시작합니다. 갑자기 친구를 때렸다, 물건을 부쉈다 등과 같은 내용입니다. 순하기만 한 아이가 무슨 일인가 싶습니다. 이때 많은 부모는 "원래 그런 아이가 아닌데 친구가 먼저 건드려서 그래요."라고 말합니다.

하지만 실상을 살펴보면 몇 년 전 친구가 자신을 놀렸을 때 싫다는 말 한마디 못했고, 그게 마음의 앙금이 되어 남아 있다가 폭발하여 별것 아닌 일로 친구를 심하게 때린 것이었습니다. 집에서 억눌러 자기 욕구를 표출하지 않고 참는 것이 익숙한 아이가 친구 관계에 있어서도 마찬가지로 억눌렸던 것입니다.

수동공격은 직접적인 공격보다 안전하게 속풀이를 하는 방법입니다. 상대방보다 심리적 힘이 약한 경우, 의존적이어서 다른 사람이 알아서 내 마음을 알아주기를 바라는 경우 이 방법을 사용해서 방어합니다. 하지만 수동공격이 계속되면 상대방을 교묘히 공격하기 때문에 인간관계가 좋지 못합니다.

부모님이 세상 누구보다 자신을 사랑한다는 사실을 알지만, 자신을 자꾸 억누르려는 부모님이 밉기도 해서 부모에 대해 양가감정을 갖습니다. 부모님은 나에게 맛있는 것도 사주고 옷도 입혀

주는 분입니다. 잘 보여야 합니다. 그렇기에 대놓고 반항하기보다 부모 앞에서는 잘하고, 남들 앞에서 그 스트레스를 푸는 수동적 반항의 모습을 보입니다.

그러다가 아이가 크고 자신의 자아 정체성이 생기면서 독단적인 부모님이 자신의 자존심을 무너뜨린다고 생각하게 됩니다. 그래서 부모 말에 대꾸하고, 예의 없는 행동을 하고, 학원에 빠지는 등 적극적이고 능동적인 반항의 모습을 보입니다. 부모는 아이가 말을 잘 듣다가 갑자기 반항한다고 생각합니다. 친구를 잘못 만났거나, 사춘기라서 그런가 싶기도 합니다. 안 그러던 아이가 왜 그러나 생각하지만, 갑자기 변한 것이 아니라 쌓인 만큼 튀어나가는 것입니다.

착하기만 한 아이는 오히려 위험합니다. 부모 말을 듣지 않기도 하고, 싫다고도 하는 것은 건강한 마음을 갖고 있다는 반증입니다. 항상 웃고 있는 아이라고 밝고 긍정적일 것이라고만 생각하면 안 됩니다. 어떻게 반응해야 할지 몰라서, 어른들이 좋아하니까 웃고 넘어가는 것일 수도 있기 때문입니다. 부모에게 반항도 해보고 맞서보기도 해야 밖에 나가서도 이길 수 있습니다.

여기까지 반응은 잘라냅니다. 지금부터 이렇게 하지 않습니다.

미래를 위한 타임아웃을 하세요

이미 저지른 일에 대해 반성하게 하는 과거지향적인 처벌 말고, 미래를 위한 좋은 해결책을 위해 잠시 진정하는 시간을 갖는 것이 타임아웃입니다. 마음을 가라앉히고 숨을 고를 기회를 주면 아이도 부모와 함께 문제를 해결할 수 있는 상태가 됩니다. 부모와 아이 둘 다 기분이 나아져서 좋은 행동이나 방법을 선택할 수 있게 됩니다.

어떤 부분에서 서로 갈등이 격해지는지 알아차립니다

분출성이란, 불편한 감정을 드러내는 감정표현의 강도입니다. 분출성이 높으면 불편한 감정을 격하게 표현하고, 분출성이 낮으면 불편한 감정을 억제한 채로 조용히 눈물을 흘리거나 참지요. 분출성이 높으면 지시할 때 과도하게 감정표현을 하고, 분출성이 낮으면 가만히 있거나 꾸물거리는 방식으로 불편함을 표현합니다. 분출성이 높은 아이는 버릇없다고 생각하면서 억누르려고만 하지 말고 자신의 감정을 드러내는 강도가 센 아이라고 생각해야 합니다. 분출성이 높은 아이는 근본적으로 나쁜 아이이거나 반항을 하는 것이 아닙니다. 따라서 불필요한 자존심 문제로 가지 않도록 해야 하고, 감정이 가라앉을 때까지 조금 기다려주는 것이 좋습니다. 또 아이의 분출성이 높아지는 방아쇠가 무엇인지 알아야 합니다. 말투가 지시적일 때 그러는지, 공부에 있어서 유독 예민해서 그러는지 말이죠.

자신의 감정을 언어로 표현할 수 있도록 도와줍니다

감정을 강하게 드러내면 시원한 느낌이 난다거나 자신을 보호하는 느낌이 든다거나 하는 좋은 점이 아이에게 있는 것입니다. 그래서 분출성을 낮추고 차분하게 언어로 드러냈을 때의 이점을 만들어주어야 합니다.

아이가 버릇없이 말하고 심지어 째려보기까지 하면 "네가 속상한 건 충분히 이해했는데 그렇게 표현하면 엄마도 상처받아. 다음부터는 네가 속상한 점을 말로 표현해 주면 좋겠다."라고 이야기해 주고, 다음에 감정적인 태도를 조금이라도 낮추고 언어로 표현하면 관심을 보이며 고마움을 전달합니다.

"네가 속상한 점을 엄마에게 말로 표현해 줘서 고맙구나." 하고 말이에요.

정서를 알아주는 말 한마디를 해줍니다

정서적 민감성이 높은 아이는 자신의 기분, 감정 상태에 쉽게 자극을 받아 작은 감정변화에도 빠르고 예민하게 반응합니다. 동시에 타인의 기분 변화, 태도, 말투, 표정 등의 정서적 신호도 아주 예민하게 느낍니다. 정서적 민감성이 높은 아이의 경우 다툰 후 서로 갈등을 해결한 후에도 감정을 정돈하거나 쉽게 전환하는 것을 어려워합니다. 그래서 뭔가 기분이 안 좋은 상태에서 공부나 식사 등에 집중하기 힘들어하고 누군가 건드리면 아직 해결되지 않은 감정을 쏟아내기도 합니다.

정서적인 민감성이 높은 아이는 지시 전에 정서를 알아주는 한마디 말이 중요합니다. 아이가 "알아서 하려고 했어." 하고 짜증 낼 때, 심호흡을 크게 하고 "알아서 하려고 했는데 엄마가 하라고 해서 기분이 안 좋았구나. 우리 아들이 스스로 공부해 보려는 거 엄마가 잘 알고 있지. 엄마가 도와줄 거 있으면 말해." 하고 한번 말해 보는 겁니다.

방법을 함께 찾아갑니다

기분 나쁜 것을 아이에게 풀어내려는 감정의 분풀이가 대화의 목적이 되어서는 안 됩니다. 힘겨루기 상황을 만들지 말고 함께 문제를 해결하는 것이 목표가 되어야 합니다. 속상하고 화가 난 이유도 내 아이가 더 잘 되었으면 하는 마음에서, 더 잘했으면 하는 마음에서 비롯된 것이죠. '어떻게 하면 좋을지'에 대해 같이 이야기를 나누며 방법을 찾아가는 대화를 해보셨으면 좋겠습니다.

"어디서 말대꾸야?", "그게 어디서 배운 말버릇이야?", "누가 그렇게 쳐다보래?"

→ "속상했구나." (공감) "속상한 점을 차분하게 말로 표현해 줘서 고맙다!" (바뀐 태도에 대한 강화) "같이 방법을 찾아가 보자." (문제 해결)

"그럴 줄 알았다!"

"엄마, 내 가정통신문 파일 어딨지?"

매번 자기 물건을 정리하지 못하는 아이에게 "그러면 물건을 못 찾아서 고생하게 될 거다, 잘 정리해라."라고 수도 없이 말했지만 듣는 둥 마는 둥 하였습니다. 아니나 다를까 또 물건을 찾아 헤매고 있습니다. 절로 이런 말이 나옵니다.

"그럴 줄 알았다! 엄마가 제대로 챙겨놓으라고 했지?"

일찍 자라고 그렇게 잔소리를 했건만 그림만 그리고, 책만 읽고, 영상 하나만 보고, 하나만, 하나만, 5분만, 5분만 하다가 늦게 잠자리에 들었습니다. 아침에 깨워도 못 일어나 늦은 시간에 겨우 현관문을 나섭니다.

"그럴 줄 알았다! 엄마가 빨리빨리 자라고 했지?"

"엄마, 나 발레 학원 끊을래."

한두 달 다니면 지루해할 것을 알기에 조금 더 생각해 보자고 했으나 다니겠다고 고집을 피워 발레 슈즈와 발레복을 사서 등록시켜 주었습니다. 아니나 다를까 아이는 두 달이 지나서 그만 다니고 싶다고 합니다. 이 상황을 충분히 예상했기에 절로 이런 말이 나옵니다.

"그럴 줄 알았다! 엄마가 잘 생각해 보고 다니자고 했지?"

사실 엄마가 아이에 대해 가장 잘 압니다. 내 아이가 어떻게 할지, 어떤 반응을 보일지 말이죠. 그러다 보니 엄마는 예상되는 실패를 막기 위해 조언하고 잔소리도 해보지만 쉽지 않아요. 안타까운 마음에 "그럴 줄 알았다! 엄마가 하지 말라고 했지?"라고 말하지요. 하지만 그 마음 안에는 사실 이런 마음도 들어가 있어요. '내 말만 들으면 실수도, 실패도 줄일 수 있는데, 내가 살아봐서 아는데.' 그 말을 안 듣고 마음대로 하려는 아이에 대해 일단 화가 나요. 다음번에는 엄마의 선택을 좀 따라주고 순응하라는 의미에서 "엄마 말 안 들으면 실패하게 된다. 네가 실패하는 이유는 엄마 말 안 들어서야."라는 메시지를 각인시킵니다. 거기다가 애 하나 제대로 못 챙기는 엄마가 된 것 같아 자책 아닌 자책을 하고, 그 자책감을 덜어내는 방법으로 다시 아이 탓을 합니다.

하지만 "그럴 줄 알았다!" 이 말 안에는 어떤 의미가 들어가 있을까요? "너는 항상 잘못된 선택을 해. 그럴 줄 알았어!"라는 속내가 들어 있어요. 계속 그 말을 듣는다면 아이는 무의식적으로 "내가 선택한 것은 항상 잘못돼. 나는 선택을 못하는 사람이야."라는 믿음이 자리 잡히게 됩니다. 어릴 때야 엄마가 충분히 예상 가능한 범위에서 머무르지만 성장할수록 부모가 모르는 범위에서 아이는 선택도 하고 그 선택에 대한 책임도 져야 합니다. 무엇보다 부모가 선택한 게 항상 맞으리라는 보장도 없어요. 아이가 스스로 믿는 마음이 사라진다면 자신의 선택이 무서워집니다. 무언갈 선택하면 결국 그 선택이 부정될 것 같거든요. 꼭 실패하는 선택을 할 것 같거든요.

-------------------------------- **절취선** --------------------------------

여기까지 반응은 잘라냅니다. 지금부터 이렇게 하지 않습니다.

믿음을 전달해 주세요

스스로에 대한 믿음을 없애는 말이 아니라 아이를 믿는 마음을 전달해 주는 말로 올바른 선택을 유도해 보세요. 교실에서 있었던 일로 먼저 예를 들어볼게요. 한 아이가 친구를 놀렸어요. 그러면 "평소에 서윤이는 그럴 아이가 아닌데 왜 이런 일이 생겼을까?" 하면서 나는 너를 친구를 놀리는 행동을 할 아이로 생각하지 않는다는 믿음을 은근슬쩍 보여주는 것이죠. 그러면서 "어떻게 된 건지 상황을 설명해 줄 수 있니?" 하고 아이 입에서 상황을 차분하게 설명할 수 있도록 해줍니다. 만약에 말하는 것을 거부한다면 "아직 마음의 준비가 되지 않은 것 같구나. 자리에 앉아서 진정하고 선생님한테 어떻게 된 상황인지 말해 줄 준비가 되면 다시 오렴."이라고 말하면서 돌려보내요.

할 일을 하지 않았다면, "어? 엄마가 알기에 우리 아들은 이런 아들이 아닌데 어떻게 된 일인지 설명 좀 해줄래?"라고 해요. 그럼 "저 원래 그런 아들이었거든요!" 하고 반항할 수도 있어요. 은근슬쩍 착한 아이 프레임을 씌우는 것을 불편해할 수도 있거든요. "아, 그래? 엄마가 오해하고 있었나 보네." 하며 두 번째 방법을 쓰세요. 물론 처음부터 두 번째 방법으로 쓸 수도 있어요. "우리 서윤이는 친구를 놀리면 안 된다는 것을 알고 있지. 처음부터 친구를 놀리려고 마음먹지는 않았을 거야. 서윤이가 친구를 놀리고 싶지 않은데 자꾸 그러는 이유가 뭘까?" (믿음 전달)

여기에 서윤이는 친구를 놀릴 아이가 아니지만 뭔가 예상 밖의 상황으로 잠시 그렇게 된 거라는 프레임을 씌우는 거예요. 그럼 친구가 자신을 화나게 한 상황을 말합니다.

도와주는 사람이라는 프레임을 씌워줍니다

그때 이렇게 말을 해줍니다. "분명히 놀리는 방법 말고 해결하는 방법이 있겠지? 서윤이가 잘 모르면 선생님이랑 방법을 찾아보자. 선생님이 도와줄게." (방법을 함께 찾아가며 도와주는 파트너라는 프레임)

아이가 자꾸 정리정돈을 하지 못해서 자기 물건을 잃어버린다면 이것 역시 적용할 수 있습니다.

"우리 서윤이는 정리를 잘 못할 때도 있지만 그래도 자기 물건을 챙기려고 노력하는 편인데 왜 못 챙기게 되었지? 이런 일이 또 생기면 네가 불편하니까 안 그러는 방법을 찾아보자." (방법을 함께 찾아가며 도와준다는 프레임)

이 말 안에는 아이가 나쁜 마음으로 잘못된 행동을 한 게 아니라는 믿음이 있어야 합니다. 아이는 단지 기술이 필요할 뿐이라고 생각해야 해요. 친구를 놀리고 싶지 않다는, 자기 물건을 잘 챙기고 싶었다는 믿음 말이지요. 여기에는 나는 너를 혼내는 사람이 아니라 함께 방법을 찾아주는 사람이라는 프레임도 같이 만듭니다. 그리고 방법을 찾고 또다시 실천해 보는 것입니다.

만약에 할 일을 안 했다면 또 이렇게 적용할 수 있어요. "우리 서윤이가 정해진 일을 하지 말아야지 마음먹고 그러진 않았을 거야. 하루 할 일을 자꾸 안 하게 되는 이유가 뭘까? 방법을 찾아보자."

일시적이기 때문에 바뀔 수 있다는 의미를 전달하면서 나는 너를 혼내는 사람이 아니라 함께 방법을 찾아주는 사람이라는 프레임도 같이 만듭니다. 그리고 방법을 찾고 실천해 보는 것이죠. 방법만 찾았다고 끝은 아니에요. 다음날 실천할 수 있도록 도와줘야 하죠. "엄마랑 같이 찾았던 방법 기억하지? 알고 있지?" 이 멘트 역시 믿음이 바탕이 되어 있어요. 너는 실천할 것이다, 실천할 아이다, 이게 깔려 있어요. "알지?"는 '너는 어제의 약속을 기억하고 있을 거야. 할 수 있을 거야.' 하는 믿음을 전달하는 말이에요.

장점을 전달해 줍니다

모든 성향에 있어서 분명히 장점이 있어요. 만약 할 일을 안 했어요. "우리 서윤이는 융통성 있어. 사람이 정해진 것만 하고 살수 없거든. 상황에 따라 계획이 바뀔 수도 있고 바꿀 수도 있어야 해. 그거 틀어진 거에 스트레스 받고 아무 일도 하지 못하는게 아니라 상황에 따라서 맞게 행동하는 거 엄마는 꼭 필요하다고 생각해. 그 융통성을 아껴뒀다가 진짜 필요할 때 쓰고, 우리

해야 할 일을 하는 것은 정해진 것을 지키는 것으로 해볼까?" 하
는 식으로 말입니다.

"그럴 줄 알았다!"

→ "평소에 서윤이는 그럴 아이가 아닌데 왜 이런 일이 생겼을까?" (믿음)

이런 일이 또 생기면 네가 불편하니까 안 그러는 방법을 찾아보자." (방

법을 함께 찾아가며 도와준다는 프레임)

"한 번만 더 그러면
스마트폰 압수야!"

교실에서 스마트폰이 없는 아이를 찾기란 어렵습니다. 초등학교 입학할 때 한 무더기 사주시고, 2학년 되면서 또 많이 사주십니다. 그렇게 3학년이 되면 95퍼센트 이상이 스마트폰을 가지고 있습니다. 마지막 수업 종이 치는 것과 동시에 아이들은 스마트폰을 일제히 꺼냅니다. 그리고 교실 곳곳에 삼삼오오 옹기종기 모여 게임을 하거나 영상을 봅니다. 책을 읽던 아이도 친구들 눈치를 보더니 핸드폰을 꺼냅니다. 이게 작금의 현실입니다.

아이들을 가르치는 입장에서 스마트폰은 정말 힘든 물건입니다. 물론 스마트폰을 활용해서 할 수 있는 것도 많아요. 아이가 직접 동영상을 만들거나 앱으로 공부를 한다거나 하는 것들 말이죠. 하지만 스마트폰이 손에 쥐어지는 순간 독서하고 대화하는 시간은 급하강합니다. 스마트폰을 절제하는 것은 어른도 힘든 일인데 아이에게 그것을 바라는 것은 무리입니다. 득보다 실이 많으므로 스마트폰을 사주는 시기는 최대한 미루는 것이 좋습니다.

보통 이런 루트를 따라가지요. 안전을 이유로 전화와 문자가 되는 공신폰이나 스마트 워치를 사주면서 버팁니다. 친구들 사이에 끼고 싶어서, 친구들이 갖고 있으니 나도 가지고 싶어서 스마트폰을 사달라고 조르는 아이에게 결국 못 이기는 척 사주기도 하고요. 스마트폰에서 인터넷 사용 시간제한을 걸어두었다가, 규칙을 만들어보았다가, 결국 스마트폰으로 고성이 오가고 압수를 했다가 주었다가 하면서 갈등이 고조됩니다.

공부하겠다고 했는데 방에 들어가 보니 스마트폰으로 내내 친구들과 메신저를 주고받고 있습니다. 화가 나지만 꾹 참고 말합니다.

"한 번만 더 하면 스마트폰 압수야!"

다시 공부하겠다고 했는데 방에 들어가 보니 스마트폰으로 게임을 하고 있습니다.

"스마트폰 이리 내놔. 압수!"

    항상 감시하는 사람과 감시당하는 사람만 있습니다. 반복되면 스마트폰을 절제하는 방법을 배우는 것이 아니라 스마트폰을 몰래 하는 방법을 배웁니다. 목표가 '스마트폰 절제'가 아니라 '혼나지 않고 눈치껏 스마트폰 하기'가 됩니다. 반복되어 봤자 갈등만 심해지고요.

-------------------------------- **절취선** --------------------------------

여기까지 반응은 잘라냅니다. 지금부터 이렇게 하지 않습니다.

스마트폰 활용에 관한 규칙을 함께 만드세요

잔소리를 없애는 가장 좋은 방법은 시스템을 만드는 것입니다. 학교에 다녀와서 몇 시에 무엇을 하고, 몇 시에 자고, 몇 시에 일어나고 하는 모든 것들이 시스템입니다. 도서관에 가면 반드시 지켜야 할 것이 있는 것처럼 가정에서도 반드시 지켜야 할 것들이 있습니다. 규칙을 만들어 함께 지켜나가는 과정이 쉽지는 않지만 꾸준하게 시간과 노력을 들여서 만들어갈 수 있도록 노력해야 합니다.

"너는 스마트폰 사용 시간이 많아서 줄여야 할 필요가 있다고 느끼니?"라고 물으며 대화를 시작해 보세요.

"네."라고 말할 수도 있고, "몰라요."라고 대답할 수도 있어요. 중요한 것은 질문하는 뉘앙스예요. 비아냥거린다거나 비난하는 마음을 섞지 말고, 이 문제를 함께 해결하겠다는 생각으로 질문해야 합니다. 이렇게 말을 꺼내도 좋아요.

"엄마도 스마트폰을 너무 많이 쓰는 것 같아서 같이 노력하고 싶어. 우리 가족 다 같이 스마트폰에 지배되는 생활을 집에서는 안 할 수 있도록 좋은 방법을 같이 생각해 보자. 어떻게 하면 스마트폰 사용 시간을 줄일 수 있을까?" 이렇게요. 가족회의 하듯이 진행해도 좋습니다.

"네가 스마트폰을 자꾸 하고 싶은 이유는 심심하거나 외로워서가 아닌가 싶다. 우리 주말에 캠핑이나 여행을 가서 시간을 보내보자."

"엄마 생각에는 스마트폰 상자를 만들어서 집에 오면 모두 다 거기에 넣으면 습관적으로 스마트폰을 보거나 만지는 것은 줄일 수 있을 것 같아. 엄마도 그렇고 급한 일이 없는데도 자꾸 핸드폰을 확인하고 싶잖아."

"아빠 생각에는 스마트폰 사용 시간을 정해놓고 그것을 어기면 전화와 문자만 되는 핸드폰으로 바꾸는 강력한 벌칙이 있어야 할 것 같아."

"그럼 엄마, 아빠는 핸드폰으로 일을 하잖아요. 그 벌칙은 저한테만 해당되는 거예요?"

"엄마, 아빠는 그에 준하는 다른 벌칙을 수행할게. 뭐로 할까?"

 이런 식으로 스마트폰 시스템을 만들어요. 이야기 나눈 규칙을 스마트폰 계약서에 적어 온 가족이 확인 서명을 합니다.

그다음 필요한 것은 일관성입니다

교실에서 선생님을 처음 만나면 학생들은 간을 봅니다. 어떤 의미냐고요? 이 사람이 어디까지 뚫리나를 확인해요. "선생님, 이거 안 해도 돼요?", "선생님 좀 이따 해도 돼요?" 계속 정해진 규칙에 어긋나는 것을 물으면서 허락을 하는지 안 하는지 봅니다. 한 번 그 선을 넘어가도 되는 것을 확인하면 그다음부터는 훨씬 쉽게 넘어가지요. 마음이 약한 제가 가장 힘들었던 것은 일관성을 지키는 일이었습니다. "선생님 -하면 안 돼요?"라고 물으면 "그래, 그럼 이번 한 번만 그렇게 해.", "내일 해 와."라고 하면서 규칙을 지키지 못하게 제가 오히려 방해했습니다.

권위는 '일관성'으로 만들어집니다. 규칙을 만들고 지킬 수 있는 환경을 조성해야 합니다. 예를 들어, '학교에 다녀와서 바로 오늘의 할 일을 한다.'라는 규칙을 함께 만들었다고 해보세요. 그리고 규칙을 지키지 않았을 때는 어떻게 책임질지에 대해 협의해서 정했습니다.

부모님은 아이가 오늘의 할 일을 실천할 수 있도록 분위기를 조성하는 등 환경을 설계해서 도와줄 수 있습니다. 아이가 올바른 판단을 할 수 있도록 만들어주는 것이죠. 하지만 아이가 "엄마, 나 게임 조금만 해도 돼요?"라고 물었을 때, "안 돼."라고 하는 것은 '허락'에 대한 답입니다. 규칙 내에서 스스로 판단하게 하세요. "우리가 정한 규칙을 생각하고 판단하렴." 하는 방식으로 말이지요. 그런데도 게임을 하겠다고 선택했다면 규칙에서 정한 대로 책임지게 합니다. 일관되게 말이죠. 그건 부모가 혼낸 것이 아니라 시스템에 의해서 규칙을 지키지 않은 데 대한 책임을 졌을 뿐입니다.

아이와 스마트폰 갈등이 수차례 있었다고 가정해 봅시다. 방에서 또 스마트폰을 하는 것을 알아차리고 아이가 얼마나 반항적으로 나올지 머릿속으로 드라마를 만들면서 거친 발걸음으로 아이 방에 들어갑니다. 짜증과 실망과 분노를 담아 소리칩니다. 물론 굉장히 화가 나겠지만, 약속한 규칙과 허용선을 말해 주고 스마트폰을 보이지 않는 곳에 두라고 요구하세요. 설령 아이가 기분 나쁜 말을 하거나 짜증을 내더라도 그 순간의 목표는 아이와 싸워서 굴복시키는 것이 아니라 스마트폰을 치우고 규칙을 지키게 하는 것임을 생각해야 합니다. 특히나 학년이 올라갈수록, 사춘기일수록 로봇처럼 담담하게 반복해서 말합니다.

"우리 규칙이 뭐지?", "그럼 어떻게 해야겠니?"

"한 번만 더 그러면 스마트폰 압수!"

→ "우리 규칙이 뭐지?", "그럼 어떻게 해야겠니?" (규칙으로 시스템을

만들고 일관되게 적용하기)

"너는 꼭 시켜야 하니?"

공부를 시키려고 하면 화병이 나 죽을 것 같습니다. 옆집 순이는 스스로 척척 알아서 한다는데 꼭 시켜야 시작하는 우리 집 영희를 보면 답답합니다. 그래서 "오늘 학원 숙제 해야지!"라고 말하면서 세트로 하는 말이 있습니다.

"넌 꼭 시켜야 공부를 하니?"

그럼 아이는 이렇게 대답하지요. "방금 하려고 했어!" 참 이상하죠. 왜 아이가 하려고 하는 순간과 공부를 하라고 지시하는 순간은 매번 겹칠까요? 스스로 공부하는 방법은 세상에 없을까요?

강의를 다니다 보면 부모님들께서 가장 많이 하는 고민 중 하나가 "자기주도학습은 언제 하나요?" 하는 것입니다. 그러면 제가 드리는 말씀은 이것입니다. "자기주도학습은 알아서 스스로 학원 숙제를 하는 것이 아닙니다. 계획을 세우고, 공부하고, 그것에 대한 피드백을 한 후 다시 계획을 세울 때 반영하는 것이죠. 자기주도학습은 초등 6년을 훈련해도 될까 말까입니다." 일단 자기주도학습은 그렇게 고난도 기술이라는 점을 먼저 말씀드리고요. 그럼 '자기가 알아서' 스스로 하는 공부, 꼭 시키지 않아도 하는 공부에 대해 생각해 보는 시간을 가져볼까요?

막 태어난 아기는 새로운 것에 대해 호기심을 갖고 있습니다. 궁금한 것이 많아 이것저것 만지면서 확인하고 배우려고 합니다. 하지만 학령기가 시작되면서 공부는 재미없고 지루한 게 되고 맙니다. 재미있는 게 너무 많고 반복해서 연습하는 과정이 힘들어서, 공부 분야가 한정되어 있어서 등의 이유로 말이죠. 어찌 되었든 공부가 재미있지는 않아요. 특히 누가 시켜서 하는 공부는 더욱 그렇습니다.

"넌 꼭 시켜야 하니?"라고 묻는 순간 아이는 정말 시켜서 하는 아이가 됩니다. 기분 나쁜 상태로 공부를 해봐야 억울함만 쌓이게 되고요. 아이를 위해서 공부를 시키는 것이지만, 서로의 관계에 작은 금이 가다가 결국 무너지면 안 되지요. 긴 공부의 여정 속에서 첫째도, 둘째도 관계가 무너지지 않는 것이 1순위가 되어야 합니다.

------------------------------ **절취선** ------------------------------

여기까지 반응은 잘라냅니다. 지금부터 이렇게 하지 않습니다.

함께 체크리스트를 만들고 실천해 나가세요

자기주도학습의 시작은 계획입니다. 저는 계획을 중요하게 여깁니다. 계획을 세우려면 내가 무엇을 해야 하는가 생각해야 하거든요. 그래서 저는 담임이 되면 학년 불문 체크리스트를 하는 것부터 가르칩니다. 직접 플래너를 제작해서 줄 때도 있고, 수첩에 학교에서 할 일뿐 아니라 집에서 하는 공부 등을 포함해서 매일의 할 일을 체크리스트로 적게 합니다. 단순하지만 아주 어렵습니다. 어른도 매일 자기 할 일을 체크하면서 실천해 나가는 것은 쉽지 않은 일이거든요. 하지만 다했을 때는 성취감을, 계획을 세우면서는 메타인지를, 안 했을 때는 찝찝함을 느끼면서 매일 조금이라도 해가는 습관을 기를 수 있습니다.

1 | 함께 계획을 세우자

엄마가 할 일을 통보하면 아이는 당연히 하기 싫어집니다. 방학 계획을 세울 때, 체크리스트를 만들 때 아이를 최대한 참여시켜서 내가 주도권을 갖고 있다는 느낌을 주어야 합니다.

체크리스트에는 독서, 영어 영상 보기, 수학 문제집 풀기 등 학습에 관련된 것이 들어갈 수도 있고요. 줄넘기 100개, 피아노 연습 10번과 같은 예체능이 들어갈 수도 있어요. 긍정적으로 생각하기, 바른 걸음걸이로 걷기 등 생활방식이 들어갈 수도 있습니다. 스스로 매일 나아지게 하는 것들이 들어가는 거죠. 사람은 쉽게 변하지 않지만 또 매일 하는 작은 노력이 모이다 보면 변해 있는 것을 발견할 수 있습니다. 아이들도, 어른들도 마찬가지입니다.

2 | 필수 과제와 선택 과제를 이용하자

계획을 세우라고 했을 때 하기 쉬운 것만 적거나, 너무 적은 양을 적은 것 같을 때 걱정이 됩니다. 그때 대화를 통해 하루에 반드시 해야 하는 필수 과제를 정하고, 필수 과제 외의 나머지는 자율에 맡겨서 선택 과제 계획을 세웁니다. 학년이 올라가고 계획 세우기가 익숙해지면 필수 과제와 선택 과제 모두 다 아이가 스스로 계획을 세울 수 있어야 합니다.

3 | 보상을 활용하자

체크리스트를 만들고 그것을 모두 하면 동그라미를 칩니다. 그리고 그 동그라미를 일정 개수 다 모으면 보상을 합니다. 즉 체크리스트 보상에 실패가 없게 합니다. 한 달 안에 체크리스트를 성공해야 보상한다고 하면 중간에 성공하지 못하면 그 한 달은 실패가 됩니다. 따라서 10개 이상 모았을 때, 20개 이상 모았을 때 보상을 준다는 식으로 정해야 중간에 하지 못하는 날이 있어도 보상을 받는 날짜가 미뤄질 뿐 결국 성공하게 됩니다.

막 시작했을 때는 1~2주일 정도로 짧게 작은 보상을 주다가 점차 기간을 늘려가도 좋습니다. 매일 실천하기 힘들면 한 달 중 15일 이상 지켰을 때, 혹은 내 할 일을 다 했을 때마다 스티커를 모으는 방식도 있습니다.

또 체크리스트에 적은 일을 다 할 때마다 보상으로 주는 30분을 모아서 주말에 자유시간을 쓰도록 하는 방법도 있습니다. 내 할 일을 5일간 했다면 두 시간 반 동안 자유를 누리게 되는 것이죠.

4 | 계획을 실천할 수 있는 환경 설계를 연구하자

그날 계획을 화이트보드 한쪽에 적어서 아이가 계속 볼 수 있게 하는 것도 방법입니다. 거실에 붙여놓은 체크리스트는 안 하면 찝찝함을 안겨줍니다. 이번 달에는 어떤 것을 넣어볼까 이야기하고, 체크리스트로 만든 뒤 잘 보이는 곳에 붙여보세요. 금요일은 체크리스트에 적었다가 실천하지 못했던 것을 하는 날로 정하는 방법도 있습니다. 계획을 실천할 수 있는 팁들을 끊임없이 고민해 보세요.

5 | 작심삼일을 자꾸 하자

체크리스트를 하면 아이와 자꾸 다투게 됩니다. "그러려면 계획은 왜 세웠니?" 하고 닦달하지 않아도 됩니다. 엄마가 피곤해서 피드백을 함께하지 못했다고 자책하지 않아도 됩니다. 며칠 하다가 잘 안 되면 그날부터 다시 마음 먹고 하면 됩니다. 걷다 보면 목적지에 도착한다는 생각을 가지시기 바랍니다.

6 | 끝내면 놀자

아이가 세운 계획을 생각보다 일찍 끝냈다면 공부를 더 시키시고 싶은 마음이 생길 테지만, 그 마음을 억누르세요. 내일의 계획에 반영할 수는 있어도 나머지 시간에는 자유롭게 하고 싶은 일을 할 수 있게 해야 합니다. 단, 게임이나 유튜브 등은 자유시간에도 제한해서 이용하도록 해야 합니다.

7 | 실천이 잘 안 되면 궁리해 보라고 하자

계획 세운 것을 지키지 못했을 때 어떻게 하면 다 실천할 수 있을지 아이에게 책임을 넘겨주면서 궁리해 보라고 하세요. 내일부터는 어떻게 하면 잘할 수 있을지 방법을 생각해 보고 알려달라고 하는 것입니다. 학습에 대한 주도권과 책임을 아이에게 넘겨주는 것이지요.

8 | 피드백을 하자

자기 전에 체크리스트를 점검하면서 "어떤 점이 어려웠어?", "어떤 점을 스스로 칭찬해 주고 싶어?" 이렇게 피드백을 스스로 해볼 수 있도록 기회를 줍니다. 칭찬도 많이 해주세요. "혼자서 공부 계획도 세우고 그걸 실천하다니 정말 멋지다!"라고요.

스스로 결정해서 하는
아이가 되게 만들어주세요

어차피 시켜서 하는 아이라면 스스로 결정해서 실천한다는 생각을 하게 해주는 건 어떨까요? 부모의 역할은 아이가 알아서 판단하고 선택할 수 있도록 돕는 것입니다. 그래서 아이가 자기 자신이 주체인 삶을 살아가도록 돕는 것이죠. 이 과정에서 아이는 선택하는 방법을 배우고 능력을 키워갑니다. 괜찮은 선택을 하려면 선택의 순간을 많이 경험해 봐야 합니다.

아이가 집에 왔을 때 "손 씻고 숙제부터 해라."가 아니라 "뭐부터 할래?", "오늘 오후 계획은 어떻게 되니?"라고 묻습니다. 방법을 알려주고 스스로 생각해 보게 하는 것이죠. 무엇보다 함께 규칙을 정하고 그것에 대해 상기시켜 주는 것이 중요합니다.

"지금은 무엇을 해야 하는 시간일까?"

"어떻게 해야 할까?"

"우리가 정한 규칙은 뭐였지?"

규칙을 만들고 지킬 수 있는 환경을 조성한 뒤, 규칙이 지켜지지 않을 때 상기시켜 줍니다. 예를 들어, '학교에 다녀와서 바로 오늘의 할 일을 한다.'라는 규칙을 함께 만들었다고 해보세요. 규칙을 지키지 않았을 때는 어떻게 책임질지에 대해 협의해서 정합니다. 절대 부모가 일방적으로 정해주는 과정이 되어서는 안 됩니다. "-해야 돼." 하는 의무가 많은 문장보다 스스로 판단하게 하는 문장을 더 사용해 보려고 노력해야 합니다.

아이가 자율적으로 판단하게 하세요(자유롭게 판단하는 것이 아니라 자율적으로 판단하는 것입니다). 즉 규칙 내에서 '아이가 스스로' 판단하는 것이죠. "우리가 정한 규칙을 생각하고 판단하렴." 일방적으로 시키는 말보다 아이가 규칙을 지킬 것이라는 믿음을 갖고 아이의 판단을 물어보는 방식으로 바꿔보세요.

"이제 숙제해야지." (명령) → "숙제 있다더니 지금 할 거야? 아니면 저녁 먹고 할 거야?" ('우리 아들(딸)은 숙제를 할 것이다.'라는 전제를 깔고 언제 할 것인지에 대해 스스로 결정하게 함)

"내일 시험인데 공부해야지." (명령) → "내일 수행평가 있는 거

한 시간 후에 엄마가 도와줄까?" ('우리 아들(딸)은 수행평가를 준비할 것이다.'라는 전제를 깔고 엄마가 도와줄지 말지에 대해 스스로 결정하게 함)

"그만 놀고 학원 숙제 해야지." (명령) → "학원 숙제는 언제 할 계획이니?" ('우리 아들(딸)은 학원 숙제를 할 것이다.'라는 전제를 깔고 언제 할지에 대해 결정하게 함)

이미 공부를 할 아이라는 전제와 믿음을 깔고 선택할 수 있도록 질문하면 아이는 시켜서 하는 아이가 아니라 스스로 선택해서 하는 아이가 됩니다. 물론 "오늘 할 일이 뭐지?"라고 물으면 "유튜브 보기!", "놀기!"라고 말하며 장난을 치기도 합니다. 그러면 유쾌하게 받아치세요. "에이, 우리 아들은 할 일이 있을 텐데? 뭐부터 할까? 독서? 수학? 영어?" 이런 식으로요.

아이는 부모가 비난하는 뉘앙스인지, 진심으로 나를 생각해서 하는 뉘앙스인지 다 압니다. 부모가 자신을 나쁜 아이로 몰아세우지 않고 믿는다 느끼면 아이 역시 방어적인 태도를 버립니다. 부모의 닦달 때문에 말을 듣는 아이가 아니라 자신이 내린 선택을 통해 생각하는 아이가 됩니다.

유쾌한 공부시키기를 활용해 보세요

아이들은 이미 잔소리에 대한 레퍼토리를 너무 잘 알고 있어요.

어차피 시켜야 할 거라면 좀 유쾌하게 시켜보자고요. "우리 평생 절대 책 읽지 말자!", "아니, 집에 우리 아들을 공부하지 못하게 하는 악마가 사나 봐. 엄마가 없애줄게. 이리 와봐(뽀뽀).", "엄마가 퀴즈 내 볼게, 맞추면 상품이 있어. 지금은 무엇을 해야 하는 시간일까요?", "오, 역시 우리 아들은 잘 알고 있어. 상품은 바로 뽀뽀! 지금 안 하면 뽀뽀 공격 더 갑니다!", "아니, 오늘 엄마가 할머니한테 우리 아들 자랑 무진장했잖아. 3학년 되면서 스스로 공부를 엄청 잘한다고."

"너는 꼭 시켜야 하니?"

→ 체크리스트로 시스템 만들기

"우리 규칙이 뭐였지?", "언제 할 거야?"

"네 멋대로 할 거면 혼자
나가서 살아"

아이를 키우는 것은 쉽지 않은 일입니다. 내 자신도 마음대로 안 되는데 아이는 어떻겠어요? 음식이면 음식, 공부면 공부, 잠이면 잠, 노는 거면 노는 거, 아이가 원하는 것과 부모가 원하는 것이 어찌나 다른지요. 머리가 클수록 자기주장이 세져서 말대꾸도 많아지고 저항도 거세집니다.

오늘 할 일을 먼저 하자고 했더니 조금만 놀고 하겠다고 합니다. 너무 놀고 싶어 해서 그러라고 했더니 밤이 되어도 꾸물거리고 있습니다. 씻고 오라고 하니까 오늘은 안 씻고 싶다고 하면서 유튜브 하나만 보면 안 되냐고 합니다. 하루, 이틀이 아니라 계속 이러니 화가 납니다. 참고 있던 화가 폭발합니다.

"네 멋대로 할 거면 혼자 나가서 살아!"

부모가 제공하는 집에서 먹고 자고 입고 살기 때문에 아이는 부모의 말을 따라야 하는 부분이 당연히 있습니다. 아이의 주장을 모두 받아줄 수는 없지요. 바로 잡아주고 필요하다면 단호하게 허용선을 그어야 합니다. 하지만 반복해서 말하건대, 두려움, 당황, 수치심, 죄책감 같은 격한 감정 없이 대화가 이루어지도록 노력해야 합니다.

아이들은 자신들의 생존이 부모의 손에 달려 있다는 것을 너무나도 잘 알고 있습니다. 근본적으로는 '쫓겨나는', '버려지는' 데 대한 두려움을 갖고 있죠. 그것을 이용해서 협박하는 말이 바로 "그렇게 할 거면 나가!"입니다. 아이가 그 말을 들었을 때 어떤 심정일까요? 아마도 두렵고 버림받았다는 마음이 들 겁니다.

아이가 서운하거나 억울하거나 짜증 나는 일이 생겼을 때 저에게 심하게 소리를 지르거나 화를 내거나 물건을 던지거나 했다고 했지요? 그러고 나서 아이는 꼭 이렇게 말했습니다. "엄마, 가. 나는 못생겼으니까 나 버려.", "아빠, 미워. 가 버려.", "엄마, 나 버리고 싶지?"

아이를 낳은 이후로 정말 사랑을 주고 최선을 다했다고 생각했는데, 아이가 그런 모습을 보이면 속상함을 넘어 마음이 아프고 화가 나기까지 했어요. 하지만 수용해 주고 감정을 함께 나누는 작업을 오랫동안 하면서 아이는 감사하게도 자신의 마음을 저에게 많이 나누어주고 이제는 날카로운 말도 하지 않아요. 오히려 이렇게 고백하더라고요.

"엄마, 그때 소리 지르고 화내고 한 거 나도 그렇게 안 하고 싶었어."

어떤 모습이 예쁜 모습인지 아이들은 너무나도 잘 알고 있어요. 소리 지르고 화를 내면 엄마가 그러는 것처럼 어린아이 역시 자책하고 후회합니다. 아이가 자기를 버리라는 그런 말을 왜 하는 걸까 가만히 생각해 보았어요. 아이는 자기가 화를 내고도 엄마가 자기를 버릴까 봐 불안한 마음이 들어서 먼저 밀어낸 거였어요. 아니라는 말을 듣고 싶어서였을 수도 있고요. 헤어지기 싫은 남자친구에게 "헤어져."라고 말한 뒤 붙잡는 모습을 보면서 안심하던 그 옛날의 모습처럼 말이에요.

그런데 아이가 "나 버려!", "나 집 나갈 거야."라고 말할 때 '내가 그동안 널 어떻게 키웠는데. 어떻게 그렇게 말할 수 있지?' 이렇게 내 마음을 먼저 생각하면서 "그래, 나가라 나가!" 또는 "엄마한테 그렇게 말하면 안 돼. 그런 말 하는 거 아니야."라면서 화를 내면? 아이는 좌절감과 죄책감을 느낄 것입니다. 저희 아이처럼 "나를 버려."라는 표현을 먼저 하지 않아도 아이들은 본능적으로 부모의 손에 자신의 생존이 달려 있다는 것을 알고 있습니다. 평소에 "어떤 모습이어도 사랑한다."라는 표현을 가득 하는데도 자신을 버리라고 하면서까지 확인받고 싶어하는 것을 보고 더 노력해야겠구나 싶었습니다.

"그럴 거면 나가!" 아이가 꼼짝 못할 것을 너무나도 잘 알고 하는 말이거든요. 하지만 아이가 크면 "그럴 거면 나가."라는 협박에 "알았어! 내가 나가면 되잖아." 하고 정말로 나가는 아이의 뒷모습을 보게 될 수 있습니다.

-------------------------------- 절취선 --------------------------------

여기까지 반응은 잘라냅니다. 지금부터 이렇게 하지 않습니다.

공감해 주세요

좋은 것에 공감하기는 쉬우나 싫은 것에 공감하기는 쉽지 않습니다. "공부하기 싫구나. 엄마도 어릴 때 공부가 그렇게 하기 싫더라고." 공감은 허락이 아닙니다. 단지 아이의 마음이 있는 곳에 들어가는 것입니다. "유튜브 재밌지. 그렇게 보고 싶더라고.", "친구 놀리는 거 재미있지. 친구 싫어하는 거 보면 더 재미있기도 하고." 하면서 마음을 공감하는 것이죠.

감정을 솔직하게 표현합니다

그렇다고 엄마 마음을 모두 숨기자는 것은 아니에요. 아이의 행동에 짜증도 나고 걱정도 되고 속상한 것은 맞으니까요. 항상 좋은 모습, 좋은 마음만 보여주는 게 엄마의 역할은 아닙니다.

"네가 그런 모습을 보여주면 나중에 공부로 힘들어질까 봐 걱정이야." 솔직하게 엄마의 마음을 말합니다. 그러면 또 아이들이 "걱정하지 마세요."라고 하거나, 좀 더 크면 "내 인생이니까 알아서 할게요."라고 말할 수도 있어요.

그럼 그냥 '그런가 보다.' 하고 넘어가는 거예요. 아이가 내 감정에 공감해 줘야 한다고 생각하면 그게 또 갈등의 씨앗이 됩니다. 아이도 지기 싫은 마음, 하기 싫은 마음을 나름대로 표현하는 거니까요.

협의합니다

"어쨌든 엄마는 네 보호자고 넌 공부를 하는 학생이니 각자의 역할에 맞게 잘해 볼 방법을 생각해 보자. 하루 공부를 할 수 있는 시간을 네가 한 번 정해 봐." 이렇게 해봅시다. 아이의 뜻을 온전히 받아주자는 것도 아니고, 엄마의 감정을 아이가 다 받아줘야 한다는 것도 아니에요. "네 감정이 그렇구나, 내 감정은 이런데 우리 같이 협의해 보자."로 가야합니다.

'협의하기' 단계에서 바로 아이의 답이 나오지 않을 수 있어요.

그럴 땐 반복적으로 물어봅니다. "그럼 네가 몇 시에 할 일을 정하면 실천할 수 있어?", "엄마도 그 시간에는 옆에서 같이 책을 읽을게. 안 되면 가능한 방법을 찾으면 되지. 이걸 20일 하면 원하는 거 하나 사는 거로."

"네 멋대로 할 거면 나가 살아!"

→ 공감하기 - 표현하기 - 협의하기

"왜 넌 꼭 핑계를 대니?"

매일 책을 읽자고 아이와 '협의'했고 약속을 지킬 거라 기대했습니다. 그런데 오늘도 역시 학교에 다녀와서 놀이터에서 놀고, 집에 들어와서도 놀고 있습니다. 독서 습관을 잡아주겠다고 책 읽는 분위기를 만들어주고 재미있는 책도 사주면서 할 수 있는 걸 다하고 있는데도 저러고 있습니다. 동시에 스스로 책가방을 챙겨놓겠다는 약속도, 학원 숙제를 하겠다는 약속도 지키지 않는 것까지 답답해집니다. 좋게 한마디만 하려고 결심합니다.

"지금 뭐해야 하는 시간이지?"

아이는 퉁명스러운 말투로 대답합니다.

"지금 하려고 했어요!"

하려고 했다는 말이 짜증스럽게 들리면서 갑자기 '화'가 치밀어 오릅니다.

"왜 넌 꼭 핑계를 대니?"

"맨날 아니야! 지킨 적도 있거든?"

"그게 맨날이지 뭐 맨날이 아니야? 어제도 학교 다녀와서 바로 안 하고 놀았고, 오늘도 그러니 맨날이지. 뭐 잘했다고 꼬박꼬박 엄마한테 말대답이야?"

아이는 억울합니다. 사실 100퍼센트는 없어요. 누구나 잘하기도 하고 못하기도 합니다. 못하는 횟수가 많을 수도, 부모 마음에 차지 않을 수도 있지만, 아이도 해야 하는 것도 알고, 옳은 것도 알고, 하려고 몇 번은 노력도 했을 것입니다.

정리를 잘하지 못하는 저는 항상 억울했습니다. 어릴 적 어머니께 정리를 안 한다고 자주 혼났거든요(물론 지금도요). "너는 왜 맨날 옷을 이렇게 걸어놓니?" 하는 잔소리에 "맨날 그렇게 거는 거 아니거든! 어제는 제대로 걸어놨거든!"이라고 말했다가 말대꾸한다고 오히려 더 혼났던 기억이 있습니다.

누군가 나를 '공격'한다고 느끼면 당연히 그것을 방어하고 싶습니다. 그러니 "왜 맨날 그러니?"라는 공격에 내가 잘한 한두 번이 떠오르면서 증거로 삼고 싶습니다. 그러면서 '맨날'은 아니라고 말하면 부모는 그 소리가 말대꾸로 여겨지면서 어느 한쪽이 입을 다물고 져야 끝나는 싸움이 되고 맙니다. 아이가 어릴 때는 부모의 큰소리에 억울해하며 입을 다물고 말지만 크면서는 부딪히면서 예의 문제로 변합니다. 여기서 지게 되면 권위가 사라질 것 같은 기분이 들고, 기분도 나빠지면서 반드시 이 순간 기를 꺾어놓겠다고 생각하게 됩니다.

'맨날'이라는 부사어로 우리 아이들을 억울하게 하기 보단 다른 말을 써보는 게 어떨까요. 아이가 어쩌다 잘한 한 번을 기억하기에는 못하는 횟수가 너무 많기는 하지만, 우리는 어쩌다 한 번 했던 그 순간을 기억하면서 강화시켜 나가는 방법을 익혀야 합니다. 잘하려고 했던 한두 번이 무시당하고 '항상', '맨날' 못하는 아이가 된다면 굳이 잘할 필요는 없으니까요.

-------------------------------- **절취선** --------------------------------

여기까지 반응은 잘라냅니다. 지금부터 이렇게 하지 않습니다.

'오늘'은 왜 그래?

수업 시간에 매번 장난을 치는 태경이가 있습니다. 오늘도 역시 장난을 치는 태경이에게 "태경아, 너는 왜 맨날 수업 시간마다 장난을 치니?"라고 묻는다 한들 "아닌데요!"라는 반항 섞인 대답만 돌아올 테지요. 설사 직접 대놓고 말을 못하더라도 마음속에는 그런 말이 맴돌 테고요.

대신 "태경아, 오늘따라 왜 장난을 칠까? 무슨 일 있어?"라고 묻습니다. 순간 태경이는 생각합니다. '아, 나는 오늘만 장난치는 사람이구나.' 하고 말이에요. 그런 뒤 자세를 고쳐 앉습니다. 물론 잔소리의 유효시간이 그렇게 길지 않을 수 있습니다. 하지만 "너는 왜 맨날 그러니?"라는 잔소리 역시 유효시간이 길지 않을뿐더러 반항심만 키웁니다.

'오늘'이라는 말은 부정적인 행동을 일시적이고 부분적으로 만들어주는 마법의 용어입니다.

아들이 장난을 심하게 칩니다. 그때 "훈아, 오늘 왜 그러니?"라고 말합니다. 그 안에는 오늘만 그런다는 믿음이 담겨 있습니다. 물론 오늘만 장난치는 게 아니지만 꼭 그렇게 말을 합니다. 할 일을 하지 않은 아이에게 "넌 왜 그렇게 항상 게으르니?"라고 혼내는 대신 "오늘은 열심히 하지 않았구나."라고 말해 보세요. 그러면 스스로 가능성을 더 생각하게 됩니다.

아이는 저에게 이렇게 말합니다. "엄마, 오늘 왜 그래?" 그렇습니다. 저는 피곤해서 아들에게 짜증스럽게 말하고 있었습니다. '오늘 왜 그러냐?'라고 물었던 말투를 저에게 그대로 쓰고 있는 모습에 감동했고, 짜증스러운 모습을 오늘만 보인다고 생각해

주는 아들의 믿음에 감동했습니다. 제가 오늘만 짜증을 내는 엄마는 아닌데 말이죠.

학생에게 "오늘 왜 수업에 집중을 못하니?"라고 말하는 것은 평소 수업에 집중을 잘하는 학생으로 봐준다는 믿음을, "오늘은 왜 할 일을 안 했니?"라고 묻는 건 평소에는 할 일을 하는 아이로 봐준다는 신뢰를 전달하는 것입니다.

설명양식을 생각하세요

설명양식은 특별히 좋은 일이나 나쁜 일이 발생했을 때 이를 설명하는 방식을 말합니다. 상담심리학자 린다 셀리그먼은 설명양식은 어린 시절에 개발되어 평생 지속된다고 보았습니다.

낙관적인 사람은 자기에게 생긴 나쁜 일은 '가끔', 일어난 일이라고 생각하고 좋은 일은 '항상' 일어난다고 생각합니다. 반면 비관적인 사람들은 나쁜 일에 대해서 '항상' 일어난다고 생각하고 좋은 일에 대해서는 '가끔' 일어난다고 생각합니다.

긍정적이고 낙관적인 부모 밑에서는 긍정적이고 낙관적인 아이로, 부정적이고 비관적인 부모 밑에서는 비관적인 아이로 자랄 가능성이 큽니다. 부모는 아이가 낙관주의를 기를 수 있도록 먼저 자신의 사고방식을 긍정적으로 바꿀 필요가 있습니다. 대개 비관적인 사람들은 나쁜 일의 원인이 영구적이라고 믿습니다. 원인이 영원히 사라지지 않을 것이기 때문에 나쁜 일도 계속해서 이어질 것으로 생각합니다. 반대로 낙관적이고 어려움을 잘 극복하는 사람들은 나쁜 일의 원인을 일시적이라고 믿습니다.

영구적(비관적)	일시적(낙관적)
새로 전학 간 학교에는 나랑 친구가 되고 싶은 아이가 한 명도 없을 거야.	새로 전학 간 학교에서 친한 친구를 사귀려면 원래 시간이 좀 걸려.
우리 엄마는 세상에서 제일 까칠한 분이야.	우리 엄마는 지금 세상에서 제일 기분이 안 좋은 상태야.
유민이는 날 싫어해. 항상 그래. 다시는 나랑 놀려고 하지 않을걸.	오늘 유민이가 나한테 화가 났어. 그래서 오늘은 나랑 놀려고 하지 않을 거야.

만약 아이가 자신이 겪은 실패나 따돌림을 말하며 '늘', '절대'라는 단어를 쓴다면 비관적인 사고를 가지고 있을 가능성이 큽니다. 또 실패의 원인을 포괄적으로 보느냐 부분적으로 보느냐에 따라 낙관성이 다릅니다.

포괄적(비관적)	부분적(낙관적)
선생님들은 다 공평하지 못해.	이지훈 선생님은 가끔 공평하지 않을 때가 있어.
나는 운동을 잘하지 못해.	농구는 정말 자신이 없어.
아무도 날 좋아하지 않아.	민정이와 나는 맞지 않는 부분이 있어.

실패의 원인을 포괄적으로 해석하는 아이는 조금만 문제가 생겨도 모든 것을 포기해 버립니다. 부분적으로 생각하면 그 일에서는 자신이 없을지라도 다른 일은 다시 씩씩하게 잘 헤쳐나갑니다. 아이들은 부모와 교사로부터 설명양식을 배웁니다. 그러므로 아이를 교육할 때는 영구적이고 포괄적인 양식 대신 일시적이고 부분적인 양식으로 말해야 합니다.

"오늘따라 왜 그러니?", "오늘 왜 방이 지저분하니?", "오늘 무슨 일 있니?" 등과 같이 '오늘'을 사용하여 아이의 변화 가능성에 대한 믿음을 전달해 보세요.

부정적인 부모는 아이에게 습관적으로 부정적인 말을 하며 비관적인 사고방식을 물려줍니다. 교실에서 아이들이 하는 말투를 보면 부모의 말투가 그대로 보입니다. 말투가 별것 아닌 것처럼 보이지만 내가 생각하는 방식을 보여주는 가장 큰 통로입니다. 말투를 바꾸면 생각도 바뀝니다.

> "왜 넌 꼭 핑계를 대니?"
>
> → "오늘은 왜 그러니?"

"공부만 하면 되는데
뭐가 어렵니?"

그저 부모가 차려준 밥 먹고, 학원비 내주면 다니고, 편하게 공부만 하면 되는 상황인데 힘들다고 하고 짜증 내는 아이가 답답합니다. 우리는 압니다. 살면 살수록 인생의 난이도가 높아진다는 것을 말이지요. 부모가 모든 것을 해주는 안락한 집에서 공부만 하면 되는 저 순간이 참 편할 때라는 것도요. 그래서 소리칩니다.

"공부만 하면 되는데 뭐가 어렵니? 학생이 벼슬이니?"

공부만 하면 된다는 말에 아이는 입을 다물 수밖에 없습니다.

명백한 사실이니까요. 부모는 다 거쳐봤던 시절이라 더욱 소리쳐 말할 수 있습니다. 저 때 열심히 하면 인생이 달라지는 것도 아닙니다. 내 아이는 후회하지 않고 보란 듯이 잘 살았으면 해서 이것저것 지원하는데 거기에 따라주지 않은 아이가 답답합니다.

"공부만 하면 되는데 뭐가 어렵니? 학생이 벼슬이니?"

저는 힘들기만 했던 고등학생 시절로 돌아가고 싶다는 생각을 해본 적이 없습니다. 그런데 아이를 낳고, 혼자서 아이를 돌보며 살림도 하고, 동시에 생계를 위해 일하면서 해결해야 할 문제들이 많아지는 상황이 오자 그제야 '공부만 하면 되었던 그때가 나름대로 좋았던 시절이구나!' 하는 생각이 들었어요. 즉 20년이 넘어서야 그 시절이 미화가 되었다는 것입니다.

우리는 각자 나이에 맞는 과업을 부여받고 살아갑니다. 열심히 성장하는 어릴 때엔 잘 먹고, 크고, 배우는 것이 과업입니다. 하지만 나름대로 어려움이 있어요. 놀기만 하는 것처럼 보이는 유치원에 다녀오는 것도 유치원생에게는 힘든 일이고, 학교에 다녀와서 예체능 학원만 다녀오는 것도 초등학생에게 버거울 수 있습니다.

힘에 부치는 제게 "굶어 죽는 것도 아니고 잠깐 초등학생만 가르치고 와서 애 하나만 돌보면 되는데 그게 뭐가 힘드니? 맞벌이가 벼슬이니?"라고 한다든가 전업주부에게 "집에만 있으면서 남편이 벌어준 돈을 쓰기만 하면 되는데 뭐가 힘드니? 살림이 벼슬이니?"라는 말을 한다면 상상만 해도 억장이 무너집니다. 아이도 마찬가지입니다. "공부만 하면 되는데."라는 말은 어른의 입장이고, 아이에게는 어떤 위로도 되지 않습니다. 물론 어른이 되어서 어릴 때 들었던 말을 떠올리며 '그때 엄마 말이 맞았어……' 하고 깨닫는 날이 올지도 모르겠네요. 아무튼 자주 쓰지는 말자고요.

------------------------------ **절취선** ------------------------------

여기까지 반응은 잘라냅니다. 지금부터 이렇게 하지 않습니다.

비난하지 말고 설명해 주세요

공부하기 싫어하는 아이에게 필요한 것은 무엇일까요? 공부하겠다는 마음, 즉 '동기'이겠죠. 제가 자주 듣는 말 중 하나가 "선생님, 공부하겠다는 동기가 생기는 말은 무엇일까요?"라는 것입니다. 공부만 하면 되는 지금이 좋은 때라는 것을 설명해 주는 것은 공부 동기를 일으키는 데 도움이 될 수는 있습니다. 다만 비난은 아니어야 합니다.

"엄마도 공부할 때 진짜 하기 싫고 힘들었어. 그런데 어른이 되고 보니까 학원에 다니고 싶어도 보내주는 사람이 없고, 마음껏 공부하고 싶어도 시간이 없네. 공부도 다 때가 있다는 옛말이

틀리지는 않더라. 일하면서 공부하는 것은 쉬운 일이 아니거든. 엄마, 아빠는 네가 공부하는 걸 최대한 지원해 주고 싶어. 그래서 나중에 커서 '어릴 때 더 열심히 공부할걸.' 하고 후회하는 일이 없었으면 좋겠어." 이렇게 사랑하는 '진짜 마음'을 설명해 주시면 좋겠습니다. 물론 이렇게 설명한다고 해서 아이가 정신 차리고 부모가 원하는 대로 공부를 하지는 않습니다.

아이가 필요한 것은 사다리입니다

저는 글을 쓰는 삶을 살고 있습니다. 하고 싶어서 시작한 거지만 매 순간 동기가 필요했습니다. 그렇지 않고는 쉬고 싶고 놀고 싶은 마음이 컸어요. '단순히 하고 싶은 마음'에서 시작되었지만, 그 마음이 동기가 되는 것은 그리 길지 않습니다. 나중에는 '마감일', '인정', '인세' 등 외부적인 요인으로 움직이게 되지요. 그렇게 억지로, 힘겹게 글을 쓰다 보면 어느 순간 글을 즐길 만한 힘이 생깁니다. 그렇다고 항상 즐기면서 쓸 수 있는 건 아닙니다. 다만 덜 힘들어지는 순간이 많아지는 것이죠. 어디 글뿐일까요? 공부도, 강의도 그랬습니다.

아이 역시 마찬가지입니다. 공부만 하면 되는 게 아니라 공부만 하는 게 어렵습니다. 사다리를 놔주어야 합니다. 뭐든 반복하면 익숙해지고 쉬워집니다. 특히 초등학교 때는 반복하는 습관을 만들어주어야 합니다. 매일 독서를 하고, 수학 문제집을 풀고,

같은 시간에 잠을 자고 일어나는 것을 반복하면 어느 순간 당연하다는 듯이 하게 됩니다.

그럼 중학교 이상에서 사다리는 무엇일까요? 이때는 공부하면서 힘든 것에 대해 들어주고, 격려해 주는 정서적인 지지가 가장 중요합니다. 그리고 아이가 어려워하는 부분을 알고, 어떻게 도와줄 수 있는지 함께 고민해 주어야 합니다. 비난하고 시키는 게 아니라 공감하고 함께 고민해야 합니다. 더불어 공부에 대한 내재적 동기를 위해 롤모델을 보여주어야 하죠. 멘토의 강의를 듣거나, 책을 읽고, 다양한 직업에 대해 알아보는 진로 탐험의 기회도 중요합니다.

사실 반복적으로 이 책에서 말하고 있는 부분입니다. '감정의 분풀이', '비난'을 하지 말고 '수용'하고 '해결'하자는 것이죠.

> "공부만 하면 되는데 뭐가 어려워? 학생이 벼슬이니?"
>
> → "힘들지? 어떻게 해볼까?"

"하기 싫으면 말아"

공부하라고 해서 자리에 겨우 앉혔는데 한 문제 풀고 딴짓하고, 한 문제 풀고 물 마시고 하면서 5분이면 할 것을 1시간 동안 하고 있습니다. 수학 문제집을 채점하는데 충분히 풀 수 있는 문제인데 몇 개나 틀려놓습니다. 아까부터 쌓였던 화가 분출됩니다.

"집중해서 한 거야? 할 거면 제대로 해. 하기 싫으면 말아."

태권도 학원에 다니고 싶다고 해서 보냈습니다. 처음에는 재미있게 하는 것 같더니 핑계를 대고 안 가려고 하고 자꾸 빠집니다.

그럼 왜 시작은 했나 모르겠습니다. 화가 나서 말합니다.

"하고 싶다며? 하고 싶다고 해서 시켜줬는데 이렇게 할 거야? 할 거면 제대로 해. 하기 싫으면 말아."

'할 거면 제대로 해라.', 이 말은 '제대로 할 게 아니면 시작도 하지 마라.'와 같습니다. 반복적으로 듣다 보면 수치심을 느끼게 되고 새로운 것을 도전하는 것이 망설여집니다. 게다가 자신에게 '나는 제대로 하지 못하는 사람'이라는 각인을 끊임없이 시키게 됩니다. 그러면서 새로운 일을 하게 되었을 때, "이거 나도 안 해 봤는데.", "처음인데." 하면서 시작도 하기 전에 변명을 합니다.

"할 거면 제대로 해."와 세트인 말이 있습니다. "하기 싫으면 말아." 그 말을 듣고 아이는 "네, 안 할 거예요!"라고 답하기 힘듭니다. 물론 사춘기에 다다르거나 갈등이 누적되면 어느 순간 아이도 "안 해, 안 해!"라고 답하겠지요. 그때 부모는 당황해서 "아이가 변했어요. 버릇없이 굴어요."라고 합니다. 하지만 사실 협박을 먼저 한 것은 부모였거든요. 아이는 그동안 약해서, 몰라서 반응을 못했을 뿐이지요. 부모는 "하기 싫으면 말아."라는 말을 하지만 아이가 그 말을 듣고 그만하겠다고 결심하길 바라지는 않습니다. 무서워서 더 열심히 하기를 바라지요. 이것 역시 심리적인 조종인 이중 메시지입니다. 마음은 "당장 네 할 일을 제대로 해."라는 메시지를 주면서 표현은 그 반대로 하는 것이지요.

게다가 '할 거면 제대로 해!'는 '완벽주의'를 강요하고 있는 말이기도 합니다. 제대로 하지 않을 거면 하지 말라는 의미니까요. 그럼 도대체 어떻게 해야 할까요?

-------------------------------- **절취선** --------------------------------

여기까지 반응은 잘라냅니다. 지금부터 이렇게 하지 않습니다.

어떤 점이 힘드니? 방법을 찾아보자

매번 좋게만 말하는 게 쉽지 않다는 것을 저도 압니다. 소리 한 번 지르고 협박 한 번 하는 게 효과가 훨씬 클 때도 많고요. 하지만 그게 누적되면 관계가 악화되고 잔소리 역시 뻔한 레퍼토리가 되면서 근본적인 문제가 해결되지 않습니다. 문제 해결의 주체는 아이입니다. 그 문제를 해결하기 위해 함께 협의하고 노력해야 합니다.

아이는 어른이 되어서도 수많은 문제를 접하게 될 것입니다. 그때까지 따라다니면서 "제대로 할 거 아니면 하지 말아라. 하기 싫으면 말아라." 하고 협박할 수 없습니다. 아이들이 독립한다는 것은 자기 앞에 닥친 문제를 해결할 수 있다는 것이니까요. 그 연습을 하는 겁니다.

"태권도 학원에서 어떤 게 힘드니?" 묻고 아이 말을 들어봅니다. "심사 볼 때 너무 긴장돼요.", "차 타고 다니는 게 힘들어요.", "동작 외우는 게 힘들어요.", "줄넘기하는 게 힘들어요.", "사부님이 너무 무서워요.", "그냥 힘들어요." 등 다양한 말을 할 수 있어요. 의외로 생각하지 못했던 이유가 있을 수도 있거든요. 무엇보다 경험이 부족한 아이는 힘들 때 그만둔다는 해결책밖에 생각하지 못할 수 있어요.

심사 볼 때 힘듦 → 그만둠
동작 외우는 게 힘듦 → 그만둠
차 타는 게 힘듦 → 그만둠

엄마는 했다, 안 했다 하면서 인내라는 것을 배우지 못할까 봐, 시작만 했다가 하기 싫으면 그만둬도 된다는 것을 배울까 봐 걱정이 앞섭니다. 하지만 아이가 힘들어하는 이유와 원하는 바를 듣고 중간 점을 찾아 협의해 나가야 합니다.

"심사 보는 게 힘들면 일단 6개월은 심사 보지 않고 다녀보기만 할까? 친구들만 띠가 올라가면 나중에는 심사 보고 싶다는 생각이 들 것 같은데, 그때는 집에서 연습하고 갈 수 있게 엄마가 도와줄게."

"동작 외우는 게 힘들어? 집에서 같이 연습해 보자."

"차 타는 게 힘들어? 그럼 가까운 학원이 있나 알아보고 걸어갈 수 있는 곳으로 옮겨볼까?"

"그냥 다니기 싫어? 우리가 학원 시작할 때 6개월은 다녀보고 결정하자고 약속했지? 원래 처음에는 지루하고 힘들거든. 그런데 다니다 보면 익숙해지고 괜찮아진단다."

격려가 필요합니다

아이들에게는 칭찬은 당연하거니와 격려도 필요합니다. 칭찬은 잘할 때 해주는 것이고 격려는 못해도 해주는 것입니다. 함께 방법을 찾아보고 실천할 수 있도록 '격려'를 해줍니다. "잘하고 있어. 힘들지만 성장하고 있어."

이런 격려는 끙끙대며 계단을 오르는 아이의 엉덩이를 밀어주는 효과를 냅니다. 힘들 때 주는 격려 한 스푼이 지속할 힘과 마무리할 힘을 주는 것입니다. 우리, 아이에게 격려를 해주면서 나아가보도록 해요.

> "할 거면 제대로 해! 하기 싫으면 말아."
>
> → "어떤 점이 힘드니? 방법을 찾아보자.", "잘하고 있어. 힘들지만 성장하고 있어." (격려)

"이게 뭐가 어려워?
쉬운 거잖아"

수학 문제집을 꺼냈는데 문제를 슬쩍 보자마자 아이가 말합니다.

"엄마, 어려워서 못 하겠어."

분명 저번에 했던 거고, 이 정도면 충분히 할 수 있는 정도인데 어렵다고 하니 핑계를 대는 것 같습니다.

"이게 뭐가 어려워? 쉽잖아. 안 해보고 어렵다고만 하면 어떡해. 하기 싫어서 그러는 거지?"

아이 실력을 옆에서 꾸준히 봐왔기 때문에 본인이 파악하는 것보다 엄마가 생각하는 게 더 맞을 때가 많습니다. 요즘 들어서 어렵다는 말을 자주 하는 아이가 답답합니다.

"이게 문제집 중에 제일 쉬운 단계야. 이게 어렵다고 하면 앞으로 어떡해."

쉽다고 하면 해보고 싶을까요? 물론 '쉽다고? 한번 해볼까?' 하고 생각할 수도 있어요. 그런데 쉬운 걸 못하면 결국 쉬운 것조차 못하는 사람이 되어버리니 아예 시작도 안 하는 게 이롭다고 생각하는 경우가 많답니다. 어려운 건 어려우니까 못할 수 있는 거고, 만약 성공한다면 어려운 것을 해내는 사람이 됩니다. 못해도 본전인 거죠.

특히 새롭고 낯선 것을 도전하기 어려워하는 아이에게 "이거 쉬워."라고 말하는 것은 심리적인 장벽을 떨어뜨리는 것이 아니라 "이것도 못하면 바보 같은 거야."라고 말하는 것과 같습니다. '참 별말을 다 하지 말라고 태클을 거네.'라는 생각이 드실 수 있습니다. 하지만 우리가 무심코 하는 말의 의미를 한번 살펴보자는 데 의의가 있으니 깊게 생각해 주세요.

여기까지 반응은 잘라냅니다. 지금부터 이렇게 하지 않습니다.

'어려워'가 하나의 의미는 아닐 수 있어요

아이가 어렵다고 하는 데는 정말 어려워서일 수도 있고, 하기 싫다고 핑계를 대는 상황일 수도 있습니다. 같은 집안일도 컨디션이나 기분이 좋을 때는 쉽고 빠르게 끝나지만, 피곤하고 만사가 귀찮을 때는 집안일이 더 많아 보이고 답답하게 느껴집니다. 그렇게 어려운 것은 매 순간 상대적이고 주관적인 영역이기에 사실 아이의 '어려워.' 안에는 여러 의미가 함축되어 있습니다.

단순히 객관적인 난이도가 높다는 것 외에도 "(지금 하고 싶은 마음이 안 들어서) 어려워요.", "(자꾸 하니 지루해서) 어려워요.", "(놀고 싶은 마음이 자꾸 들어서) 어려워요.", "(보기만 해도 어렵게 느껴져서) 어려워요." 등 생략된 마음이 모두 "어려워요." 하나로 표현됩니다. 아이들 마음이 세부적으로 표현되지 않아 모든 것들이 어렵다는 말 하나로 표현될 수도 있다는 거예요. 그러니 "어떤 게 어려워?" 하고 한번 물어보세요.

성장과 과정에 중심을 둔 말하기를 실천하세요

퀴즈를 먼저 내보겠습니다. 아이가 잘하지 못할 때 둘 중에서 어떻게 말하면 좋을까요?

① "이건 어느 정도 재능을 타고나야 잘할 수 있어."
② "연습하면 실력이 늘 거야."

②번인 걸 쉽게 알 수 있겠지요? ①은 고정 마인드셋을 대표하는 말이고 ②는 성장 마인드셋을 대표하는 말입니다. 스탠퍼드 대학교 심리학 교수 캐럴 드웍은 사람들이 성공의 본질을 보는 관점에 따라 칭찬과 비판을 달리 해석한다는 점을 발견했습니다. 드웍 교수는 이런 마음의 틀을 마음구조 마인드셋이라고 말했습니다. 마인드셋에는 자신의 지능, 능력, 기술이 고정되어 있다고 믿는 '고정 마인드셋', 노력과 학습을 통해 능력을 향상시킬 수 있다고 믿는 '성장 마인드 셋'이 있습니다.

어떤 마인드셋을 가지고 있느냐는 삶의 거의 모든 측면에 영향을 미칩니다. 닫힌 마음, 즉 고정 마인드셋을 가진 사람은 지능과 능력은 타고나는 것이라 개선하려고 노력해 봤자 시간만 낭비하는 것으로 생각합니다. 그래서 어떤 일에 대해 나쁜 평가를 받으면 실력을 개선할 수 없다고 생각하여 낮은 평가를 받는 활동은 회피하려고 합니다. 또한 실패를 부정적인 경험으로 받아들일 가능성이 높아 성장과 발전의 기회를 놓치게 됩니다.

하지만 열린 마음, 즉 성장 마인드셋을 가진 사람들은 노력하면 실패를 성공으로 바꿀 수 있다고 믿습니다. 그래서 그들은 나쁜 평가를 받아도 실력을 키우기 위해 스스로 방도를 찾습니다. 성장과 발전 가능성에 초점을 두기 때문에 실수에도 유연한 자세를 갖고 실패를 배움으로 승화시키면서 점점 발전합니다. 우리 아이가 어떤 마인드셋을 갖고 사느냐에 따라 삶의 모습이 계속 달라질 것입니다. 우리가 길러줘야 하는 마인드셋은 당연히 성장 마인드셋일 거고요. 그럼 이 경우에는 어떤 게 성장 마인드셋을 키우는 말하기일까요?

"선생님, 단원평가 어려워요?"

① "안 어려워. 쉬워."
② "어렵다고 느껴질 수 있는 부분도 있지만 열심히 풀면 할 수 있을 거야."

선생님이 ①처럼 말씀하셨는데 풀다가 어려운 게 나오면 배신감이 느껴집니다. '쉽다고 해놓고. 어렵네! 하기 싫어!' 하는 마음이 듭니다. 거기다가 쉽다고 했으니 다른 친구들은 다 할 수 있는데 나만 못할 것 같아서 하기 싫어집니다.
②처럼 말하면 성공하면 어려운 것을 열심히 풀어낸 사람이 되고 실패해도 어려워서 못한 것이 되니 손해 볼 것이 없습니다.

게다가 ②는 노력을 강조하는 과정 중심적인 말이에요.

"이거 좀 어려워. 하지만 노력하면 충분히 할 수 있어."라고 말하면 내가 못 풀 수도 있지만 나의 노력에 따라 달라진다는 사실을 깨닫습니다. 아이가 열린 마음, 성장 마인드셋으로 모든 일을 대할 수 있게 해주세요. "어려워."라고 말할 때 "어려울 수 있어. 그런데 방법을 찾으면 할 수 있을 거야. 어려운 부분은 도와줄게."라고 말하는 것입니다.

목표가 만만하다고 말하지 마세요. 노력에 따라 달라질 수 있다고 말해 주세요. "어려우니까 포기해."가 아니라 "어려워도 연습하고 노력하다 보면 할 수 있어."를 강조해 주시는 것입니다.

"이게 뭐가 어려워, 쉬워."

→ "어려울 수 있어. 하지만 노력해 보면 할 수 있을 거야."

"왜 집중을 못하니?"

공부하려고 자리에 앉았습니다. 연산 문제집 한 장, 한자 교재 한 장, 얇은 영어책 읽기 한 권만 하면 됩니다. 10분이면 끝낼 수 있는 양입니다. 아이의 의견을 물어서 협의해서 함께 만든 하루의 학습 목표량입니다. 그런데 한 문제 풀고 지우개를 만지작거리기 시작합니다.

"집중해서 하자." 목소리를 깔고 좋게 말합니다. 한 문제 풀더니 물을 마시겠다고 합니다. 열이 받지만 참습니다. 한 문제 풀고 갑자기 책상 밑으로 기어가더니 뭔가를 만지작거리기 시작합니다. 그동안 참아왔던 게 터집니다.

"너는 왜 집중을 못하니? 10분이면 끝낼 것을 세월아, 네월아 하면서 언제 끝낼래? 이래놓고 공부할 게 많다고 징징거리지?"

부모님이 자주 하시는 고민 중 하나가 "저희 아이가 집중을 잘 하지 못해요."입니다. 맞아요. 수업 시간에 딴생각하는 아이들이 반 이상이고요. 집에서 아이 공부를 지도할 때도 속이 터집니다. 그래서 아이가 공부를 제대로 안 하면 원인은 항상 하나를 가리킵니다.

집. 중. 력.

아이의 집중력이 문제가 됩니다. 즉 아이만 문제인 것이죠. 하고 싶어도 잘 안 되는 것인데 집중을 하라는 잔소리가 계속되니 아이는 스스로 '나는 집중을 못 하는 아이'로 낙인을 찍습니다.

------------------------------ **절취선** ------------------------------

여기까지 반응은 잘라냅니다. 지금부터 이렇게 하지 않습니다.

초등생에겐 평균 집중 시간이 있어요

초등학생들의 집중시간은 학년에 따라 늘어나는데요. 1학년 친구들의 평균 집중시간은 10~15분, 2학년은 20분, 3~4학년은 30~40분, 5~6학년은 50~60분 정도입니다. 이 정도가 잘 안 된다면 도움을 주는 방법을 생각해 보세요. 치료가 필요한 정도라면 전문가의 도움을 받을 수 있도록 도와줍니다. 그 정도는 아니라면 다음과 같은 도움을 주도록 해요.

목표를 세워서 집중하는 것에 대해 성공을 경험하게 해주세요

너무 많은 데 습관을 만들려고 하지 마시고, 딱 하나 핵심습관을 고르시는 겁니다. 예를 들면, 책 읽기 15분, 연산 문제집 15분 하는 식으로요. 아이와 함께 목표과제를 하나 정하고 매일 해보세요.

이때 목표는 아이의 현 모습을 보고 생각해야 합니다. 5분도 앉아 있기 힘든 아이에게 20분 앉아서 하는 것을 약속하면 좌절감만 줄 것입니다. 예를 들어, 매일 학습지 10분을 집중해서 마무리하기로 약속했어요. 한 달을 성공했다면 점점 분량을 늘려갑니다. 이때 목표행동에 맞는 긍정적인 행동을 보이면 충분히 칭찬합니다.

한 분야에서 자기 절제 훈련을 하면 삶의 모든 부분을 향상시키는 효과가 있습니다. 마찬가지로 집에서 이러한 연습을 하면 학교에서 수업 시간에 집중하는 시간을 향상시킬 수 있습니다.

목표를 쪼개서 도움의 사다리를 줍니다

집중하고 싶은데, 원하는 대로 집중하지 못하는 것일 수 있어요. 뭉뚱그려서 과제를 주는 것이 아니라 행동 및 목표 단위를 쪼개서 주면 사다리 역할을 할 수 있습니다. "오늘 연산 문제집 2장 하기로 했지? 여기까지 다 풀어."가 아니라 "1번부터 10번까지 풀어보자." 또 "11번부터 20번까지 해보자." 하는 식으로 나누는 것이죠.

"책 읽어라." 하는 게 아니라 같이 앉아서 표지도 보고, 그림도 살펴보고, 앞부분은 엄마와 아이가 돌아가면서 한 줄씩 읽다가 아이가 어느 정도 이야기에 관심을 보면 남은 부분은 혼자 읽어보게 하는 거죠. 물론 그때 엄마도 옆에서 다른 책을 읽는 것이 좋습니다.

공부환경을 조성해 주세요

산만한 아이는 주변의 사소한 자극에도 쉽게 주의력이 흐트러집니다. 아이가 공부하면 가족들도 핸드폰, 텔레비전, 집안일을 모두 멈춰주세요. 그리고 장난감 같은 게 보이지 않는 깔끔한 환경에서 공부할 수 있도록 만들어주세요.

활동성에 맞는 과업을 주세요

활동성은 원하는 것을 얻으려고 하는 욕구와 움직이려고 하는 활동량이죠. 활동성이 높은 아이는 끊임없이 움직이고 말하고 몸을 움직여야 편안해집니다. 활동성이 낮은 아이는 말하고 움직이는 데 에너지가 빠르게 소진됩니다. 그러니 활동성이 높으면 차분하게 있기 힘들어하고, 활동성이 낮으면 행동이나 반응이 느려서 속이 터지는 상황이 생기죠.

활동성이 낮으면 에너지를 선택적으로 사용하려 합니다. 웬만하면 움직이거나 활동하기보다는 쉬거나 에너지를 보존하려고 하죠. 남들과 비교하여 에너지가 절반 정도밖에 되지 않기 때문에 늘 에너지를 보존하다가 하고 싶은 것이 있을 때 사용합니다. 따라서 활동성이 낮은 아이에게는 적은 식사 및 과업을 주는 것이 효과적입니다. 그리고 빨리 끝내면 칭찬합니다.

활동성이 높으면 주변 자극을 억제하는 힘이 약해 늘 행동으로 튀어오릅니다. 가만히 있거나 조용한 상태를 불편해하죠. 하기 싫은 것을 해야 할 때 자동으로 하고 싶은 다른 것이 생각나고 흥미로운 주변 일에 반응합니다. 타고난 기질이 자극을 계속 추구하기에 다수가 있는 집단이라는 환경 자체가 이 아이들을 계속 자극합니다. 활동성이 높은 아이에게는 해야 할 일을 주어

활동성을 열어주는 게 차라리 낫습니다. "엄마 물 갖다주고 공부하자." 이런 식으로 말이에요.

데드라인을 설정합니다

"오늘 할 일을 5시까지는 하자." 이렇게 데드라인을 설정할 수 있습니다. 스톱워치를 이용할 수도 있어요. "이번 장은 몇 분 걸려서 푸는지 재어보자.", "2분 10초 걸렸네. 그럼 다음 장은 더 줄여볼까?" 이런 식으로 데드라인을 설정하는 동시에 성장을 이끌어내는 방법이 통하는 아이들이 있습니다. 하지만 어떤 아이들은 스톱워치를 많이 불편해해요. 따라서 아이의 성향에 따라 적절히 활용하세요.

충분히 뛰어놀 시간을 주세요

1교시에 체육을 하고 땀을 흘리고 들어오면 아이들은 그다음 수업 시간부터 집중을 잘합니다. 하루 중에 자신의 에너지를 풀 만한 시간이 있어야 정적인 활동에 주의력을 더 발휘하더라고요. 신체적 활동은 일반적으로 뇌의 혈액 순환 향상에도 좋지만, 운동 피질과 가까이 있는 뇌의 영역에 지대한 영향을 끼치는데요. 이곳에 뇌의 작업 기억이 자리 잡고 있습니다. 운동 피질이 활성화되면 산소가 풍부한 혈액이 뇌에 흘러들어와 근처에 있는 작업 기억 역시 효율이 높아집니다.

독서는 최고의 주의력 훈련입니다

독서는 뇌의 주의력을 단련시킵니다. 요즘 우리는 빠른 속도, 자극적인 영상에 차분하게 집중할 만한 시간이 부족한 환경에 놓여 있습니다. 조용하게 명상하고 독서하는 것이 주의력을 올리는 데 좋은 영향을 줍니다.

다시 확인하세요

아이에게 말을 했는데도 제대로 집중해서 듣지 못했다는 생각이 들면 이렇게 확인하고 시작하게 합니다.

"내가 말한 걸 다시 엄마에게 줄 수 있어?"

"엄마가 말한 것에 대해 어떻게 생각하는지 말해 줄 수 있니?"

"왜 집중을 못 해?"

→ 집중하는 성공 경험 느끼게 하기, 목표 쪼개주기, 공부환경 조성하기, 뛰어놀 시간 주기, 독서하기

"커서 뭐 먹고 살래?"

아이에게 공부를 시키는 근본적인 이유는 아이를 위해서입니다. 내 아이가 커서 '잘' 살았으면 해서죠. 공부를 잘하면 적당한 미래를 보장받는 시대를 우리는 살아왔고, 시대가 변했다고는 해도 '공부'가 의미하는 바는 여전히 큽니다. 하나만 잘하면 된다지만 특별한 재능이 보이는 건 없는 듯하고, 어떤 것을 어떻게 지원해야 할지도 막막합니다. 지금 할 수 있는 것은 '공부'이고, 사실 가장 가성비가 좋은 분야이기도 합니다.

그뿐일까요? 공부는 좋은 습관이고, 이 습관을 갖고 있으면 어른이 되어 살아갈 때도 분명 도움이 됩니다. 이런 마음을 아는지 모르는지 아이는 좋은 습관을 만들고 공부하는 데 동참하지 않습니다.

이렇게 가다가는 이름도 들어보지 못한 대학에 갔다가 조그마한 회사에 취업이나 할지 걱정이 됩니다. 세상에 공짜는 없고, 돈 버는 게 쉬운 일은 아니며, 산다는 게 쉽지 않다는 건 너무나도 잘 아는 일이니까요. 그래서 걱정되는 마음에 말합니다.

"나중에 뭐 먹고 살려고 그래?"
"커서 뭐 먹고 살래?"

여기에 더해 "엄마, 아빠 밑에 있을 때나 편하지, 커서 살아봐라. 호강에 겨워서 행복한 줄 모르지."라고 합니다. 아이들은 아무 생각 없어 보일 때가 많지만 사실 본인들도 미래에 대한 두려움을 갖고 있어요. 특히 고학년일수록 공부를 잘하고 싶은데 방법을 모르겠다고, 나중에 커서 무엇을 할지 모르겠다고 고민합니다.

미래에 대한 두려움, 안정에 대한 욕구는 누구나 갖고 있어요. 우리도 노후에 대한 두려움을 갖고 있잖아요. 큰 회사를 운영하는 사장님도 사업이 어떻게 될 것인가에 대해 두려움을 갖고 있을 거예요(아마도). 여하튼 그런 우리에게 부모님이 "너 그렇게 살면 나중에 늙어서 굶어 죽으려고 그래? 늙어서 어떻게 살래?"라고 말씀하신다면 어떤 기분인가요? 정신이 번쩍 드나요?

아이가 잠자리에 늦게 들려고 하니 아빠가 "또, 또 늦게 잔다." 하면서 신경질적인 말투로 말했습니다. 분명 그 말의 깊은 곳에는 늦게 자면 다음 날 피곤해할 아이를 걱정하는 마음이 담겨 있을 테지요. 아이는 저에게 와서 속상한 표정으로 일렀습니다. "엄마, 아빠가 또 또 늦게 잔다고 말했어." 저는 아이에게 말했어요. "속상했구나. 아빠는 도훈이가 내일 늦게 일어나게 될까 걱정되는 마음에서 그렇게 말한 거야." 제 말에 아이는 이렇게 말을 했어요. "아니야, 아빠 말에 걱정은 하나도 없었어." 맞습니다. 걱정해서 하는 말은 말투에 따라 비난으로 옮겨서 전해집니다.

"나중에 뭐 먹고 살래?"라고 물을 때 아이는 걱정한다고 느끼기보다는 공격하고 비난한다고 느낍니다. 아이에 대한 걱정보다도 부모 자신의 불안이 더 많이 섞인 비난일 수 있거든요.

공포로 동기를 만들지 마세요. "너 공부 안 하면 바보된다!", "공부 안 하면 나중에 먹고 살기 힘들어."라는 것은 공포를 피하기 위한 '회피동기'로 공부를 하게 만드는 것입니다. 공포라는 자극의 강도는 갈수록 세질 수밖에 없습니다. 그러면 아이는 점점 위축되겠지요. 부모의 엄격함 때문에 공부했던 거라면 그것도 역시 공포를 피하기 위한 방법 중의 하나입니다. 공포라는 자극이 없어지면 공부를 하지 않게 됩니다. 우리는 아이가 자기 주도적으로 공부한 경험을 가질 수 있게 해주어야 합니다.

관계에서 작은 틈은 회복됩니다. 하지만 그 틈이 메워질 시간조차 없이 자꾸 벌어지면 회복되기 쉽지 않습니다. 그러다가 사춘기가 되면 작은 틈이 큰 간격이 되고 말지요. 관계가 가까운 만큼 상처도 더 자주 주고받아요. 어릴 때야 "나중에 뭐 먹고 살래?"라고 물으면 위축되는 모습을 보일 수 있어요. 하지만 곧 "엄마가 뭔 상관이야? 내 인생이야!" 하고 받아칩니다. 부모는 아이가 변했다며 배신감을 느낍니다. 변한 게 아니라 오랫동안 느꼈던 감정을 표출한 것뿐인데 말이지요.

------------------------------ **절취선** ------------------------------

여기까지 반응은 잘라냅니다. 지금부터 이렇게 하지 않습니다.

협박보다는 걱정과 불안에 대해 설명합니다

"엄마는 네가 공부를 안 할 때 커서 어려움을 겪고 후회할까 봐 걱정돼. 어릴 때 1을 공부하는 것은 커서 10이 되어 돌아올 수 있지만 커서 1을 하면 10이 안 될 수도 있어. 힘든 거 알아. 하지만 하다 보면 익숙해지고 할 만해지고 자신 있어지기 마련이란다. 엄마는 다시 어린 시절로 돌아가서 공부하고 싶거든."

이게 사실은 우리의 진심이잖아요. 이런 마음 고백에 "걱정 마. 내가 알아서 할게."라고 말했다고 열받지 마세요. 일단 의미를 전달하는 데 의미를 두자고요.

할 수 있어, 도와줄게

아이들이 공부를 안 하는 이유에는 여러 가지가 있어요. 일단 귀찮고 힘들어요. 그리고 자신이 없어요. 학년이 올라가면서 공부가 어려워지니 공부에 대한 낙관성이 줄어들어요. 하면 된다는 마음이 줄어든다는 것이지요. 어렵고 잘 안 되니 좌절하고 답답해하다가 포기하고 회피해요. 사람은 원래 불안한 존재라 누군가 끌어주면 믿고 따르고 싶은 마음이 듭니다. "넌 할 수 있어. 꼴등도 연습하면 할 수 있어. 해보자! 도와줄게!"라고 할 수 있는 만큼 조금씩, 반복해서 연습할 수 있도록 도와주세요. 격려해주고 보상을 약속하고 칭찬해 주면서요. 못하던 것을 하게 되면 자신감이 생기고, 자신감을 회복하면 공부에 대한 자아효능감이 높아집니다. 이게 시작입니다.

"나중에 커서 뭐 먹고 살래?"

→ "엄마는 너무 걱정된다. 할 수 있어. 우리 해보자!"

"다른 애들은 학원에
더 많이 다녀"

학교 다녀와서 얼마 안 되는 공부를 하기로 약속했는데 한 번 하려고 하면 속이 탑니다. 한 문제 풀고 딴짓, 두 문제 풀고 딴짓, 다른 애들이 하는 양에 비하면 턱없이 부족한데, 나름대로 아이의 공부 정서를 생각하고 협의해서 짠 양인데 이마저 하기 싫어서 꼼수를 부리고 질질 끌면 저절로 이 말이 나옵니다.

"다른 애들은 더 많이 공부해."
"너만 힘든 거 아니야."

주말에 워터파크에 가고 싶다고 해서 가고, 학교 다녀와서 쉬는 시간이 많았으면 좋겠다고 해서 쉬게 해주고, 친구들과 함께 놀고 싶다고 해서 놀게 해주면서 원하는 것은 다 해주었는데, 공부를 하자고 하니 짜증을 내기 시작합니다. 도대체 어느 선까지 이해하고 공감해 주어야 하는지 열이 받습니다.

"엄마가 어디까지 배려해 주어야겠어? 다른 애들은 더 많이 해. 이거 조금 하는 거로 유세 떠니?"

부모가 아이를 통제하는 가장 쉬운 방법은 '비난'과 '비교'입니다. 거기에 하나 더 추가하면 '분노'가 있지요. 비교를 안 하려고 해도 참 쉽지 않아요. "다른 애들은 더 많이 학원 다니는데 이거 하나 하는 걸 힘들어해서 되겠니? 너도 학원 더 다닐래?" 이러면서 실랑이를 하는 게 일상입니다. 대부분 그래요.

집에서 펑펑 놀고 있는 아이를 보면 불안합니다. 이렇게 아무것도 안 해도 되나 싶고, 다른 애들은 이 시간에 학원 다니면서 이것저것 채워가고 있을 텐데 하는 마음에 마치 레이스에서 뒤떨어지는 것 같아요.

우리는 생각보다 아이에게 행동을 지시하는 레퍼토리가 다양하지 않습니다. 그런데 "너 지금 몇 살이야?", "다른 친구들은 안 그래." 하는 비교 레퍼토리는 자동 반사적으로 나와요. 저희 아들은 때때로 역지사지를 통해 저를 깨닫게 해주는데요. 제가 아들에게 했던 말을 비슷한 상황에서 그대로 하거든요. 제게 "엄마, 지금 몇 살이야? 엄마 마흔 살이 되어 가는데 그러면 되겠어?", "엄마, 다른 엄마들은 안 그래." 이렇게 말이죠. 그런 말을 들으면 흠칫해서 제 말 습관을 점검해 보게 됩니다.

비교도 습관이에요. 비교하는 말을 자꾸 들으면 머릿속에 비교하는 사고회로가 생겨요. 외부에서 들었던 비교의 목소리가 내부 목소리로 들어와 앉아 주인행세를 합니다. 처음에는 부모가 친구와 나를 비교했는데 나중에는 스스로 남과 나를 자꾸 비교하게 됩니다. 행복은 비교에서 오지 않죠. 절대 상대적이지 않아요. 비교의 목소리가 자리 잡지 않는다는 것은 감사하고 행복할 일이 더 많아진다는 것입니다. 자존감은 스스로 생각하는 나의 모습입니다. 객관적이기보다는 주관적이죠. 비난과 비교를 자꾸 들으면 당연히 스스로 멋진 아이라고 생각하기 힘들어집니다.

부모는 아이에게 "내 사랑은 조건부다."라고 직접적으로 말하지 않습니다. 그러나 매일 함께 생활하는 동안 그런 정보가 전달됩니다. 시험 성적이 좋으면 기뻐하고 시험을 못 보면 화를 냅니다. 말을 잘 들으면 좋아하고 짜증을 내면 화를 냅니다. 부모가 아이의 여러 가지 중에서 좋은 모습 하나만 사랑할 때 그건 조건부 사랑입니다. 부모에게 받아들여지지 않은 부분이 아이의 수치심을 만듭니다.

비교가 아이를 공부하게 만들지 않아요. 엄마의 불안함을 전달하는 수단으로 선택된 것일뿐이죠.

-------------------------------- **절취선** --------------------------------

여기까지 반응은 잘라냅니다. 지금부터 이렇게 하지 않습니다.

감정을 공유합니다

자꾸 딴짓하는 아이를 보고 "공부하는 게 지루하구나."라는 말이 나오기 쉽지 않습니다. 이런 말을 들으면 아이는 기회를 놓칠세라 높은 확률로 "응, 하기 싫어. 나 안 하면 안 돼?"라는 반응을 보이거든요.

공감은 허락을 의미하지 않으니 마음 편하게 하시라고 반복해서 말씀드립니다. 감정을 나누고, 나의 감정이 정당한 것임을 인정받는 시간이죠. 공부를 하기 싫어한다고 해서 공부를 하기 싫어하는 내 감정이 나쁜 것은 아니니까요.

"엄마도 공부하기 정말 싫었어. 어떤 점이 가장 힘드니?" 이렇게 이야기를 나누며 감정을 공유할 수 있습니다.

스스로 나아지는 모습을 비교합니다

물론 모든 것을 받아주면서 오냐오냐하라는 것은 아닙니다. 실천을 잘하는 방법에 대해 함께 이야기 나누고 스스로 나아지는 모습을 비교하면서 더 잘할 수 있는 아이라는 사실을 끊임없이 확인시켜 주는 것입니다.

"어제는 30분 만에 하더니 오늘은 20분 만에 했네. 역시 우리 아들은 마음먹으면 잘 해내는 사람이야."

"어제는 3개 틀렸는데 오늘은 1개 틀렸네. 연습하니까 익숙해졌니? 역시 우리 딸은 성장해 나가는 사람이야."

미리 머리에 넣어두면 필요할 때 이런 반응을 한 번씩 꺼낼 수 있을 거예요. 그러면 아이는 성장을 알아차리는 사람으로 자라날 수 있을 것입니다.

"다른 애들은 더 많이 공부해."

"너만 힘든 거 아니야."

→ "많이 힘들었구나. 맨 처음 시작했을 때보다 훨씬 나아지고 있어. 잘하고 있어."

"너 되게 똑똑하잖아"

설사 칭찬이라고 할지라도 고정 마인드셋에 기반한 평가라면 부담스럽습니다.

"너 정말 똑똑하구나!"

이런 칭찬을 듣고 "쉬운 활동할래? 어렵지만 도전해 볼 만한 활동을 할래?"라고 물으면 쉬운 활동을 선택합니다. 왜냐면 똑똑하다는 기대에 어긋나면 안 된다는 부담이 있거든요.

교실에서 학생들에게 "너 되게 똑똑하다."라고 하면 아이들은 부담스러워하면서 "저 안 똑똑해요."라고 말하곤 합니다.

마찬가지로 "너 착하다."라는 말을 들었다고 해보세요. 저항감이 듭니다. "네가 뭔데 나를 평가해? 왜 나의 속성을 규정해?"라는 생각도 들고요. 고정 마인드셋을 가지고 하는 평가는 '너는 변할 수 없고, 너의 속성은 내가 규정한다는 생각'을 전달하는 것입니다. 게다가 그 속성에 나를 맞춰야 할 것 같은 부담까지 안겨주지요.

아이들이 교실에서 자주 하는 말이 있어요. "저는 소질이 없어서 못해요." 왜 이런 말을 자주 할까요? 당연히 소질이 없다는 말을 자주 들어서예요. '소질이 없다.'라는 말을 떼어놓고 생각하면 그다지 좋은 말 같지 않아서 내가 이 말을 자주 했다는 생각조차 안 들지도 몰라요. "저희 애는 그림에는 소질이 없어요.", "운동이나 이런 덴 소질이 없어서.", "글 쓰고 이런 덴 소질이 없는 거 같아." 학부모님들과 대화하거나 아이 친구 엄마들과 이야기를 나누다 보면 이 말을 자주 듣게 됩니다. 사실 소질이 없다는 것은 노력하지 않아도 되는 가장 좋은 핑계거든요. 아무리 노력해도 안되는 부분이 있다는 걸 인정해 버리면 내 강점에만 힘을 쏟아도 되고요. 하지만 이 시기에 노력의 효과보다 소질의 효과를 먼저 인정하고 알아버리면 지속적으로 노력할 기회를 빼앗는 건지도 모릅니다.

물론 아이가 똑똑하다고 생각하고 대단한 사람이 될 것이라는 믿음을 갖는 것은 피그말리온 효과가 될 수 있습니다. 하지만 그 믿음에 하나 더해야 할 것이 있습니다. 실패해도 괜찮다는 것, 성공해야만 너를 사랑하는 건 아니라는 사실이죠.

-------------------------------- **절취선** --------------------------------

여기까지 반응은 잘라냅니다. 지금부터 이렇게 하지 않습니다.

성장 마인드셋에 기반한 칭찬을 해주세요

칭찬을 할 때는 노력에 대한 피드백을 잊지 마세요. "열심히 노력했구나."라는 칭찬을 받은 후에 아이는 쉬운 활동과 어려운 활동을 중에서 어떤 선택을 할까요? 어려운 활동을 선택해서 실패한다고 해도 똑똑하지 않은 사람이 되는 건 아닙니다. 노력 여하에 따라 결과가 달라지는 거니까요. 그래서 도전적인 활동을 선택하기 쉬워집니다.

모든 것은 달라질 수 있다고 믿는 마음이 노력하게 합니다. '재능', '소질', '성정' 모두 타고난 면이 있다 하더라도 "열심히 한 네 모습이 멋있다.", "열심히 노력하더니 되네!", "엄마는 노력하는 모습이 가장 중요하다고 생각해. 우리 아들이 노력해서 좋은 점수를 받은 것을 보니 정말 기특하구나."처럼 '노력'과 '과정'에 초점을 맞추는 피드백을 꼭 해주시길 바랍니다.

노력에 초점을 두어 생각하고 말합니다

성인이 될수록 내가 바꿀 수 있는 것보다 바꿀 수 없는 게 많다는 것을 알아갑니다. 게다가 고집은 더 세지고 마음에 새겨진 사고방식과 몸에 새겨진 습관은 더 강화될 뿐이죠. 아무리 나이가 들어도 바뀔 수 있다고 생각하는 것이 성장 마인드셋의 시작입니다. 예순부터 그림을 그리기 시작해서 화가로 데뷔한 할머니, 일흔부터 영어를 배우기 시작하여 여든에 영어 회화를 하시는 할아버지……. 비단 능력뿐 아니라 성격도 필요에 따라 바꿀 수 있더라고요. 지극히 내향형인 제가 사회생활을 하면서 낯선 사람에게 말을 걸 수 있는 성격으로 바뀌어 가는 것을 보고 놀랐습니다.

바뀐다는 사실을 인정하고 나면 말도 다르게 나옵니다. 아이한테 분별없이 화를 낸 후 "엄마가 노력이 부족했네."라고 말하며 사과했습니다. 엄마의 말을 듣고 아이는 화내는 것도, 감정 조절도 노력할 수 있는 것으로 생각하게 되지요. 생각이 바뀌어야 스스로 하는 말도, 아이에 대한 반응도 바뀔 수 있습니다.

"지금 몇 학년인데
그러고 있니?"

곧 1학년이 되는 아이가 자기 할 일을 하지 않아요.

"이제 너 초등학교 가는데 그렇게 하면 되겠어?"

3학년인 아이가 자기 할 일을 하지 않아요.

"3학년인데 그렇게 하면 되겠어?"

5학년인 아이가 자기 할 일을 하지 않아요.

"5학년인데 그렇게 하면 되겠어?"

6학년인 아이가 자기 할 일을 하지 않아요.

"6학년인데 그렇게 하면 되겠어? 곧 중학교 가잖아."

나이마다 요구되는 역할이 있습니다. 그 역할은 매년 협박으로 변신합니다. 학년이나 나이에 맞는 역할을 요구할 수는 있어요. 하지만 매번 아이에게 협박하는 레퍼토리가 같다면 그것도 참 재미없고 무익한 잔소리입니다. 아이에게 긴장감을 주고 정신 좀 차리라는 의도로 하는 말이지만 유효기간은 한 10초쯤 되는 것 같습니다.

누구나 잘못도, 실수도 할 수 있어요. 아이들이 지키기 힘들어하는 것은 사실 어른들도 힘들어하는 행동이 대부분이죠.

"너 지금 몇 학년이니? 그게 ○학년이 할 행동이야?"라고 말하는 것은 나잇값도 못하는 사람이라고 비난해서 기분을 나쁘게 하려는 의도밖에 되지 않습니다.

-------------------------------- **절취선** --------------------------------

여기까지 반응은 잘라냅니다. 지금부터 이렇게 하지 않습니다.

'어떻게'를 사용하여 질문합니다

아이가 지켰으면 하는 규칙을 함께 협의합니다. 책을 안 읽겠다고 하는 아이에게 이렇게 묻습니다.

"어떻게 하면 숙제를 일찍 끝낼 수 있을까?"

왜 우리는 아이에게 이렇게 질문하기 힘든 것일까요? 아이에게 주도권을 넘기기 힘들기 때문입니다. 아이에게 방법을 물어보면 답을 못하거나 이상한 답만 할 거로 생각하는 것이죠. 하지만 아이를 믿고 질문을 던지는 순간, 아이는 생각합니다. 처음에는 대부분 "몰라요."라고 대답할 거예요. 정말 모르니까요.

"그럼 엄마랑 방법을 생각해 보자." 하고 미루지 않고 숙제를 빨리 끝내는 방법에 대해 협의해 봅시다. 이때 엄마는 혼내고 비난하는 사람이 아니라 필요한 기술을 획득하는 방법을 같이 생각해 주고 도와주는 사람이 됩니다. 만약 다음 날 약속한 것을 지키려고 노력하는 모습을 봤다면 어떻게 하면 좋을까요? 맞습니다. 무진장 칭찬해 주는 것입니다.

"봐 봐. 되잖아. 넌 역시 절제력이 있는 사람이야. 약속을 잘 지켜줘서 고마워."

"○학년인데 그렇게 하면 되겠어?" (비난)

→ 더 잘하는 방법에 대해 함께 생각해 볼까?" (협의, 강화)

"다음에 노력해서
100점 맞자"

시험이 많이 사라졌습니다. 초등학교 교육과정은 학생의 발전 가능성을 더 중요하게 여기기 때문입니다. 현재 초등학교에서는 '과정 중심 평가'와 '성장 중심 평가'가 진행되고 있습니다. 학생이 수업 시간에 공부하는 '과정'에서 평가를 하고, 그 평가에 대해 피드백을 해서 부족한 점을 보완하고 성장하게 하는 데 초점을 맞추는 거예요. 만약 영어 쓰기 평가를 본다고 하면 수업 도중에 영어 쓰기 과정을 쭉 관찰하며 학생이 해놓은 쓰기 활동지의 틀린 부분에 대해 피드백을 해주고, 다시 영어 쓰기를 하면서 완성해 나가는 과정을 평가하는 것입니다. 평가의 의미가 순위를 매기는

데 있는 게 아니라 학생의 성장에 둔다는 데 차이가 있습니다. 하지만 이런 평가 방식이 학부모 입장에서 답답하게 느껴지는 것도 사실입니다. 맞고 틀리고가 정확한 것도 아니고, 두루뭉술하게 나오는 생활기록부를 통해 내 아이가 잘하고 있는지 판단하는 것은 힘들거든요. 그래서 많은 담임교사는 각 단원이 끝날 때마다 단원평가라는 이름으로 시험을 보곤 합니다.

시험을 볼 수 있는 곳으로 또 학원이 있어요. 아이가 학교나 학원에서 평가 시험지를 들고 왔습니다. 90점입니다. 나쁘지 않은 점수입니다. 하지만 시험지를 보는 순간 이런 생각이 듭니다.

'이번 시험 난이도가 어떻게 되지? 90점 넘는 애들이 엄청 많은 쉬운 시험이었던 거 아니야?'

그래서 아이에게 묻습니다.

"90점 넘는 아이들이 몇 명이야? 다른 애들은 몇 점이야?"

아이가 말합니다. "10명?"

생각보다 많은 숫자에 쉬운 시험이라는 확신이 듭니다. 이런 시험을 다 맞지 못한 게 걱정되어 말합니다.

"다음에는 노력해서 100점 맞자."

칭찬받을 줄 알고 90점 시험지를 자랑스레 들고 왔는데 100점을 못 맞았다고 혼난 것 같은 느낌이 듭니다. '다음번에 100점 맞아야 하는데……' 하는 부담감도 듭니다. 열심히 공부했다가 점수를 못 받으면 멍청한 사람이 되는 것 같으니 그저 공부를 안 한 사람, 머리는 좋지만 노력하지 않는 사람이 되는 것이 낫겠다 싶습니다. 다음번에는 그냥 공부를 안 하고 대충 시험을 봐야겠다는 생각도 듭니다.

'숙달목표'는 공부 자체의 가치를 중요시하고 스스로 발전하는 데 중점을 두고 있어요. 반면 '수행목표'는 타인보다 우월하게 잘해서 유능감을 느끼거나 아니면 비교가 되는 상황에서 무능력을 보이는 것이 창피해서 그것을 피하려고 공부하는 것입니다. 쉽게 말하면 '숙달목표'는 스스로 점점 잘하게 되는 것이 재미있어서 계속하는 것이고, '수행목표'는 친구보다 잘하는 모습을 자랑하고 싶어서, 못하는 게 창피해서 계속하는 것입니다.

'숙달목표'는 외적 인정보다는 내적 성취가 중요하기 때문에 부모의 성취압력에 크게 영향을 받지 않는 안정적인 모습을 보입니다. 하지만 '수행목표'는 외적 인정을 중요시하기 때문에 부모의 기대에 더 큰 영향을 받습니다.

특히 아이의 성취에 부모가 가치를 느낀다면 아이를 심리적으로 통제하고 조종하고 구속하는 식으로 성취압력이 가해집니다. 부모의 기대대로 하지 않으면 애정을 주지 않거나, 죄책감을 야기

시키고, 조건적으로 보상을 줌으로써 부모의 의도대로 아이를 행동하게 만드는 것이죠. 이런 식으로 심리적으로 통제하면서 성취 압력을 주면 숙달목표가 아니라 수행목표만 중요시하게 됩니다. 부모님에게 잘 보이기 위해서 공부하는 것이니까요.

수행목표를 지향하는 언어는 다음과 같습니다.

"반에서 3등 안에는 들어야 해."

"친구들보다 잘하는 편이니?"

"난 친구보다 높은 점수를 받는 게 목표야."

"어떤 문제를 틀렸는지 아는 것보다 정답을 맞히는 게 중요해."

수행목표를 지향하면 지거나 실패하는 것을 두려워하기 때문에 잘 모르거나 못하는 것은 도전하지 않는 경향이 있습니다.

------------------------------ **절취선** ------------------------------

여기까지 반응은 잘라냅니다. 지금부터 이렇게 하지 않습니다.

언어만 바뀌어도 생각이 바뀝니다

매번 점수나 등수를 묻지 않고 금기시하자는 것이 아니라 노력과 과정에 초점을 맞추는 언어를 좀 더 사용해 보자는 것입니다. 특히 스스로 자꾸 비교하는 아이, 승부욕이 너무 강한 아이

같은 경우에는 등수나 점수로 인해 스스로 괴로워하는 경우가 많습니다. 그래서 노력과 과정을 강조해 주는 게 중요해요.

90점 시험지를 들고 온 아이에게 "열심히 했더니 좋은 점수를 받았구나. 시험은 내가 모르는 것을 발견하고 왜 틀렸는지를 알기 위해서 보는 거니 한번 살펴보자."라고 말하며 오답을 함께 확인합니다.

타인과의 비교를 통해 만족감을 느끼는 경험을 반복하면 끊임없이 상대적인 행복만 존재할 뿐입니다. 나 자신의 만족감, 즉 절대적인 행복감을 느낄 수 있도록 스스로 돌아볼 수 있게 해주세요.

"예전에는 분수의 덧셈은 몰랐는데 이제는 익숙하게 하네."

"지난번에 서술형 문제 풀이를 제대로 못 썼는데 이번에는 잘 썼구나."

아이의 성장과 과정에 초점을 맞추는 말이지요.

부모가 강조하는 가치관은 그대로 아이에게 스며듭니다. 이런 말을 자주 해주세요.

"새로운 것을 탐색하고 알아가는 과정이 재미있는 거야."

"실패는 성공으로 가는 길이야. 노력하면 더 나아진단다."

"이기고 지는 것보다 새로운 경험에 도전했다는 것이 의미 있는 거야."

"우리의 목표는 1등이 아니라 성장이야."

"어렵더라도 호기심을 자극하는 것에 도전해 보는 거야."

그렇다고 아이의 결과를 인정하지 말라는 말은 아닙니다. 아이가 "엄마! 나 1등 했어!"라고 자랑하는데 "서윤아, 결과는 중요한 게 아니야. 서윤이가 열심히 한 게 중요하지." 하면 어떨까요? 아이는 칭찬받고 싶은데 오히려 조언을 들으니 시무룩해지겠지요. 이때는 "열심히 노력하더니 1등을 했구나. 1등이 쉽지 않은데 대단한걸?" 이런 식으로 과정과 결과를 함께 언급하면서 칭찬해 주면 됩니다.

"90점 넘는 애들이 몇 명이야?" (결과 중심)

→ "열심히 했더니 좋은 점수를 받았구나. 시험은 내가 모르는 것을 발견하고 왜 틀렸는지를 알기 위해서 보는 거니 함께 살펴보자." (과정 중심)

"내가 너한테 어떻게 했는데……"

"공부하자. 엄마가 영어책 빌려왔어."

"싫어!"

공부하라고 했더니 아이가 짜증을 냅니다.

"아침 먹자."

"싫어!"

　건강하게 하루를 보내라고 아침부터 사과도 한 쪽 깎아놓고 주먹밥도 만들었는데 아이는 먹지 않겠다고 합니다. 심지어 엄마한테 소리까지 지릅니다. 화가 나는 건 둘째치고 슬픕니다. '내가 어떻게 살고 있는데, 내가 널 위해 어떻게 하고 있는데, 너밖에 없는데……' 하는 생각이 듭니다.

아이를 키우면서 부모는 많은 것을 희생하기 마련입니다. 내가 '정성'을 다해 키우는 만큼 아이는 내가 원하는 것을 했으면 하는 '기대'도 함께 생깁니다. 힘든 상황에서 키웠을수록, 희생했다는 생각이 강할수록 기대가 커질 확률은 높아집니다. 아이에 대한 소유욕도 점점 커지게 되죠.

힘들게 키웠다는 것은 주관적인 영역입니다. 누가 봐도 힘든 상황이지만, 부모로서 희생이 아니라 당연한 것으로 여긴다면 그렇지 않습니다. 경제적으로 힘들어서 혹은 남편(아내)과 사이가 좋지 않아서, 시집살이 때문에, 일과 육아를 동시에 해내느라, 하고 싶은 일을 포기해서 등등 아이를 키우는 것이 나의 희생인 상황, 즉 결혼이 힘들다고 여겨지는 경우는 굉장히 많습니다. 힘든 상황일수록 아이가 출구가 되기도 해요. 아이를 보면서 "내가 네덕분에 살아."라고 말하고 힘을 냅니다. 이땐 아이를 잘 키우는 것이 목적이 됩니다.

"엄마(아빠)한테는 너밖에 없는데, 엄마(아빠)가 너한테 어떻게 했는데, 얼마나 힘들었는데……."

이 말 역시 가스라이팅입니다. 죄책감을 느끼도록 하소연해서 내가 원하는 대로 행동하게 만드는 것이죠. 이 말이 위험한 이유는 아이가 평생 부모를 떠나지 못하게 하려는 의도가 숨겨져 있기 때문입니다(물론 의식하고 그러는 건 아닙니다).

아이는 부모님이 힘들어하는 것 같으면 바로 죄책감을 느낍니다. 나의 생존이 부모의 생존과 연결되어 있는데 부모님이 나 때문에 힘들어합니다. 나는 부모님을 힘들게 하는 나쁜 아이입니다. 아이는 자기가 행복할 때 죄책감을 느낍니다. 엄마(아빠)는 힘든데 나만 이렇게 행복해도 되나 싶습니다. 이 생각이 점점 옭아매어 성인이 되어서도 부모님으로부터 건강하게 독립하지 못합니다(부모님이 건강한 독립을 막습니다).

'엄마(아빠)는 내가 없으면 안 되는데 내가 혼자 잘 사는 것은 엄마(아빠)를 힘들게 하는 거야.'

그러기만 할까요? 한 편으로는 '엄마(아빠)가 힘든 건 알겠는데 누가 희생해 달라고 했어?'라는 생각도 듭니다. 그리고 다시 자책합니다. '엄마(아빠)가 힘든데 내가 이런 생각을 하면 나는 나쁜 사람이지.' 벗어나고 싶어도 벗어나지 못하는 건강하지 못한 관계가 됩니다. 물론 정도는 다릅니다. 심하게 얽매인 경우도, 살짝 그런 경우도 있어요.

------------------------------ 절취선 ------------------------------

여기까지 반응은 잘라냅니다. 지금부터 이렇게 하지 않습니다.

무조건 희생하는 관계가 아님을 인지하세요

저 역시 '독박' 육아를 하며 아이를 키워야 하는 상황에서 억울함이 물밀듯 밀려오는 때가 있습니다. 잠시라도 아이를 맡아줄 사람 없이 일도 하고 아이도 키워야 하는 상황에서 아이가 제 말을 안 들어주면 '내가 도대체 어디까지 희생해야 하는데!' 하는 마음이 올라오면서 짜증이 나곤 했습니다. 아이는 태어나면서 받아야 할 당연한 돌봄을 받는 중에 부모의 '짜증받이'까지 되고 있었습니다.

의식적으로 노력했습니다. 아이가 없다면 얼마나 외로울지, 아이가 없다면 얼마나 낳고 싶을지, 이 아이가 나에게 얼마나 소중한지, 이렇게 붙어 있는 시간이 얼마나 소중한지 생각하면서 말이지요. 피곤하고 힘들면 솟아오는 '억울함'이라는 감정을 돌아보며 지금 나에게 필요한 것이 무엇일까 생각해 보려고 애썼습니다.

부모는 아이에게 무조건 희생하고 일방적인 사랑을 주는 사람인 줄 알았는데, 그건 아니었습니다. 물론 고통도 있고, 슬픔도 있지만, 아이가 나에게 주는 기쁨과 사랑이 생각보다 무척 컸습니다. 아이가 자라나는 모습을 보면서 느끼는 뿌듯함은 세상 그 어느 것보다 큽니다. 뭐, 그렇다고 힘들지 않은 건 아닙니다. 상처받지 않는 것도 아닙니다. 하지만 달콤함이 생각보다 크다는 사실이 놀랍습니다.

부모로서도, 한 인간으로서도 꾸준히 성장해 갑니다. 아이의 성장을 보며 세상엔 당연한 게 없고, 소중하지 않은 사람이 없다는 것도 배워 갑니다. 내가 갖고 있던 내면아이의 상처를 돌아보면서 마음에 박힌 가시도 하나하나 빼나갑니다.

조금 이기적이고 행복한 부모가 되세요

부모에게 아이를 잘 키워야 하는 책임은 있지만 그렇다고 무조건 희생할 필요는 없습니다. 너무 희생하면 아이가 기대만큼 부모에게 잘하지 않으면 실망하게 됩니다. 아이가 커가는 자체만으로 효도고 기쁨인데, 더해서 내가 원하는 모습이 되기를 희망합니다. 엄마(아빠)가 조금 이기적이고 행복해야 하는 이유입니다.

내가 통제할 수 있는 것과 없는 것을 구분하세요

행복해지기 위해 가장 중요한 것은 내가 통제할 수 있는 것과 없는 것을 구분하는 것입니다. 우리는 생각보다 자신을 과신하는 경향이 있습니다. 스스로 타인을 바꿀 수 있다고 생각하는 것이죠. 아무리 가족이라도 타인입니다. 설사 내 앞에서 행동을 바꾸는 아이의 모습을 볼지라도 생각까지 바뀌었는지는 알 수 없습니다. 우리가 할 수 있는 것은 내가 하는 말, 내가 하는 생각, 내가 하는 행동을 바꾸는 것입니다. 그 이외의 것은 내려놓습니다. 성공하면 좋고, 실패하면 원래 그런 것으로 생각합니다.

그러면 내가 원하는 대로 아이가 행동하지 않아도 덜 실망합니다. '그럴 수 있다.', '원래 그런 것이다.'라는 생각은 오히려 나의 마음에 자유를 가져옵니다. 아이의 마음을 통제하고 조종하기 위해 죄책감을 자극하고 하소연하지 않게 됩니다. 우리는 건강하게 살아가는 방법을 찾아야 합니다.

'내가 아니면 안 돼!'라는 생각을 내려놓으세요

스스로 과신하는 것과 같은 맥락입니다. 가족들 밥도 챙기고, 아이들 공부도 챙기면서 완벽하게 해내야 한다는 생각에서 벗어납니다. 사실 사람은 결국 다 어찌어찌 살아가게 된다고 하죠. 내가 아니면 안 된다고 생각했던 많은 것은 사실 스스로 만들어 낸 기준과 틀일 수도 있습니다.

요청하고 표현하고 협의하세요

나의 희생을 강요하지 않은 수준, 내가 감당할 수 있는 수준을 생각합니다. 아이와 원칙을 정하고 함께 방법을 협의합니다.

"어떻게 하면 좋을까?"

"하루에 영어책을 어느 정도 읽을 수 있겠니?"

"언제 읽으면 좋을까?"

'영어책을 읽는다.'는 사실을 제외한 나머지 부분은 아이에게 선택권을 주는 것이죠. 아이는 얼마나 읽을지, 언제 읽을지, 다 읽었을때 어떤 보상을 받을지 선택합니다. 부모님은 영어책을 읽어 낼 수 있는 환경을 만들어줍니다. 이때 부모님도 무언가를 정해 서 함께 지켜나가면 더욱 좋습니다. 가정이 누군가의 희생만으로 존재하는 곳이 아니라 함께 성장할 수 있는 곳이 되니까요.

"엄마(아빠)한테는 너밖에 없는데, 엄마(아빠)가 너한테 어떻게 했 는데, 얼마나 힘들었는데. 자식 키워봤자 아무 소용없다. 너 같은 아들 낳아서 똑같이 당해 봐." (죄책감 유발)

→ "규칙을 정하고 잘 지킬 만한 방법을 찾아보자."

·26·

고개 젓기, 얼굴 찡그리기

공부하자고 했더니 짜증 내는 모습을 보니 한숨이 절로 나옵니다.

'휴.'

아이 앞에서 깊은 한숨을 내쉽니다. 아이 글씨를 보니 지렁이가 기어갑니다. 도대체 저 습관이 언제 고쳐질지 답답합니다. 고개를 젓습니다.

'도리도리!'

또 실수했습니다. 문제를 제대로 읽고 풀라고 했는데 자꾸 틀리니 화가 납니다.

'팍!'

혹시 엄마가 무척 화난 모습으로 시끄럽게 설거지를 하시는 보면서 '엄마 많이 화나셨나?'라고 생각했던 경험 없으세요? 아니면 갑자기 말을 안 하고 얼굴만 찌푸린 남편의 눈치가 슬슬 보여서 '이 사람이 갑자기 왜 이러는 거야?' 했던 경험은요? 때론 '침묵'이 '말'보다 큰 효과를 발휘할 때가 있습니다. 하지만 아이가 눈치를 봐야 하는 상황을 자주 만드는 것은 그렇게 좋지 않습니다. 의견 교환이나 자기표현보다 눈치 보고 남에게 맞추는 데 더 익숙해지기 때문이죠.

아이들은 언어 능력을 발달시키는 중이라 말보다 비언어적 소통이 전하는 메시지를 훨씬 더 잘 믿습니다. 말은 "괜찮아."라고 하면서 절대 괜찮지 않은 표정과 말투를 보인다면 아이는 부모의 말을 믿지 않고 말하는 방식을 끊임없이 살핍니다.

때론 비언어적인 표현이 더 큰 비난인 경우가 많습니다. '감정을 자연스럽게 표현하는 건데 그것마저 못하면 어쩌라고?' 하는 생각도 들겠지만, 너무 자주 그러고 있는 건 아닌지, 아이에게 하는 말과 행동과 일치하는지 등을 점검해야 합니다.

여기까지 반응은 잘라냅니다. 지금부터 이렇게 하지 않습니다.

숨겨진 의도를 파헤치는 대화는 그만!

A에서 A로 전달되고 B에서 B로 전달되는 대화를 하는 건 생각보다 힘듭니다. 전달하고자 하는 것은 A이지만 전달하는 사람에 따라, 또 전달하는 방식에 따라, 감정에 따라, 상황에 따라 A, A´, B, C 등으로 전달이 되기 때문이죠. 물론 사람마다 살아온 경험도, 사고방식도, 심지어 유전자도 달라서 말을 뱉어내는 순간 그 의도는 오염됩니다. 그런데도 나의 욕구와 의견을 전달하는 것은 중요합니다. 특히 부모와 아이 사이에서 아이가 부모의 사랑을 해석하고 이해하려고 애쓴다면 그것은 잘못된 게 맞습니다. 정확하게 지시하고, 지도하고, 전달하세요. 사랑 표현은 확실하고 풍성하게 해주세요.

욕구를 전달하세요

'넌 아니야.'를 전달하는 듯 한숨을 푹 쉬고, 고개를 흔들고, 얼굴을 찡그리면서 아이의 마음을 습관적으로 불안하게 만들기보다 "엄마는 네가 제시간에 잠을 잤으면 좋겠다. 매번 아침마다 늦게 일어나서 서로 힘든 상황이 싫다."라고 욕구를 정확하게 전달하세요.

"얼마나 힘든지 엄마도 충분히 이해된다." (공감) → "엄마도 힘들다. 그리고 너도 일찍 자는 습관이 필요하다." (욕구 전달) → "좋은 방법을 함께 생각해 보자." (협의) 단계로 가는 것입니다. 이 책에 나온 다양한 대화법을 변주하면 할 수 있습니다. 공감은 안 했지만 욕구는 분명하게 전달한다든가, 공감만 한다든가, 공감하고 바로 협의로 간다든가 하는 방식으로 말이지요. '문제 상황'이 발생했을 때 어떤 식으로든 해결하는 것이 관계의 질을 결정한다는 사실을 잊지 마세요.

> 말보다 무서운 비언어적 표현
>
> → 분명한 욕구 전달

습관적인 한숨 쉬기

아이를 낳은 순간 인생은 달라졌습니다. 이제는 더 이상 1인분의 인생을 사는 게 아니니까요. 책임져야 할 누군가가 있다는 것은 이제 하고 싶은 것을 하고 싶을 때 하고 싶은 만큼 할 수 있는 인생이 아니라는 의미입니다.

아침부터 종종걸음으로 아이를 깨우고, 밥을 먹이고, 급하게 등교를 시키고 나서 집안일을 하고, 장을 보면 어느새 하교 시간이 다가옵니다. 그러면 아이와 놀이터에 갔다가 학원에 데려다주고 데려오고를 반복합니다. 저녁 시간이 되어 저녁을 먹이고, 공부를 시키고, 이야기 좀 하다가 씻기고 재우면 지쳐서 잠에 듭니다. 설사 깨어 있다 한들 아이를 위해 제철 옷이나 학업용품 등을 주문하고, 교육 정보를 찾아 헤맵니다. 주말 역시 아이를 위한 체험학습을 가고, 도서관에 가서 책도 빌리고, 함께 공부를 하며 시간을 보냅니다. 힘든 하루하루를 시간에 쫓겨 보내다 보면 나도 모르게 한숨을 쉬게 됩니다.

'휴.'

양가의 도움을 받기 힘든 상태에서 생계형 맞벌이로 아이를 키우고 살림을 하는 상황이 정말 힘들었습니다. 물론 지금도 그래요. 분, 초 단위로 나누어 살고, 편하게 천천히 걸어본 적조차 없는 것 같아요. 항상 이리 뛰고 저리 뛰면서 살아요. 자의에 의한 것도 있고 타의에 의한 것도 있지만 덜어낼 수 있는 것은 최대한 덜어내고 생계와 미래를 위해 남길 것만 남겼는데, 여유가 없기는 마찬가지더라고요. 그래서인지 저도 모르게 자꾸 한숨을 쉬었나 봐요.

'휴'

"엄마, 또 한숨 쉬어? 엄마가 한숨 쉴 때마다 내가 너무 힘들어. 엄마가 나 때문에 힘들어하는 것 같아서."

아이의 고백에 깜짝 놀랐어요. 아이를 낳은 이상 부모로서 책임지는 것은 당연한 일인데 아이에게 그런 감정을 심어주고 있다는 죄책감을 느꼈습니다.

아이에게 이렇게 말했어요. "그래? 엄마가 한숨을 그렇게 자주 쉬니? 엄마는 몰랐어. 엄마가 한숨 쉴 때마다 네가 알려줄래?" 아이는 알았다고 했고, 그 뒤로 몇 번 알려주었어요. 제가 생각보다 한숨을 정말 자주 쉬더라고요. 어딘가에서 읽었어요. '한숨'은 살기 위해서 쉬는 거라고. 살기 위해 숨을 고르는 거라고. 그렇게 무의식적으로 나오는 한숨인데 '아이가 마음이 불편하다는 이유로 내가 한숨을 멈출 수 있을까?' 하는 생각이 들기도 했습니다.

하지만 힘들다고 한숨만 쉬는 엄마로 나이 들고 싶지는 않았습니다. 제가 하는 일들도 결국은 원하는 인생을 위해 쌓아가고 노력하는 것이니까요. 아이를 위해서도, 자신을 위해서도 이 문제를 어떻게 바꿀 수 있을까 고민했습니다.

------------------------------ 절취선 ------------------------------

여기까지 반응은 잘라냅니다. 지금부터 이렇게 하지 않습니다.

자기 연민은 그만, 내가 선택한 길이라고 생각합니다

'자기 연민'은 자신을 불쌍하게 여기는 마음입니다. 물론 '자기 연민'이 필요할 때도 있습니다. 자신에게 지나치게 엄격하고 채찍질하는 마음이 크다면 실수를 용서하고 스스로 지지하면서 자신을 사랑하는 방법으로 '자기 연민'을 선택할 수도 있어요. 어떻게 해석되고 활용하느냐에 따라 다르겠지만, 지금 내 삶의 불만족과 불행을 확대 해석하고 내가 제일 힘들고 불쌍하다고 여기고 있다면 그 구덩이에서 나오기 힘들 것입니다.

마음을 깊이 들여다보았습니다. 분명히 자기 연민, 후회의 마음이 있었습니다. 제가 과거에 했던 선택, 걸어온 길을 생각해 보았습니다. 타의에 의한 선택처럼 느껴지는 것들도 사실은 내가 선택한 길이란 걸 알고 있습니다.

'나의 모양'대로 사람도 만나고 상황도 생기는 것이라는 것을 인정하지 않을 수 없었습니다. 돌아보면 내가 만났던 사람들, 악연이라고 생각했던 사람들도 그 당시 나의 모습과 겹쳐보니 딱 맞아떨어진 퍼즐 조각 같은 사람이었습니다. 겪어나간 힘든 경험도 나의 결핍을 채워나가기 위한 시간이었고요. 이 모든 상황은 내가 만든 것이고, 선택한 것이었습니다. 그 깨달음 후에 나를 부정하고 부인하지 않기로 마음먹었습니다.

셀프 칭찬은 의식적으로 '스위치 온'

그렇다고 제가 객관적으로 힘들지 않은 것은 아니었습니다. 분명히 벅차고 힘겨운 상황도 맞았습니다. 스스로 토닥여 주었습니다. '잘하고 있어. 넌 최선을 다하고 있어. 그때의 너도, 지금의 너도 최선을 선택한 거야. 후회하지 마. 네 인생을 사랑해 줘.'

힘든 마음이 메아리칠 때 마다 내가 원하는 미래의 목표와 현재의 감사함을 생각했습니다. 물론 힘든 마음을 함께 공유하고 격려받을 수 있는 사람이 있다면 좋겠지요. 하지만 그것도 한계가 있었어요. 힘든 것을 누군가에게 털어놓으면 일시적으로 속이 시원해질 수는 있어도 그 누군가가 돈을 주고 고용한 상담사가 아닌 이상 하소연이 반복되면 관계를 이어가기 힘들어집니다. 저는 공감해 줄 누군가도 없어서 스스로를 상담해 주는 느낌으로 마음을 훈련하기 위한 노력을 했습니다.

'남편에 대한 불만', '결혼 생활의 고달픔', '일할 때 힘든 마음' 등등이 찾아오면 의식적으로 '감사함', '미래 희망'의 스위치를 켰습니다. '성실하게 일하고 옆에 있어 주는 남편', '아이에게 다정한 아빠', '나를 끊임없이 정진하게 만들어주는 내 일', '이것이 바탕이 되어 '내가 원하는 교육 프로그램을 만드는 것' 등을 생각하면서 말이지요.

의식적인 '스위치 온'은 처음에는 잘되지 않았습니다. 한번 부정적인 생각이 꼬리를 물고 이어지면 그 고리를 끊고 감사와 희망으로 연결시키는 것이 쉽지 않았습니다. 그런데 훈련하면서 조금씩 그 시간이 짧아지는 것을 느꼈습니다.

현실적으로 할 수 있는 일 실천하기

현실적으로 한숨을 덜 쉬기 위해서 인생을 길게 보고 이 순간의 행복을 더 즐기기로 마음먹었습니다. 너무나도 당연한 명제이지만 잊고 살기 쉽습니다. 아이가 내 품 안에 있는 시간이 얼마 되지 않음을 의식적으로 상기했습니다. 아이와 함께하는 시간이 정말 좋았거든요. 거절할 수 있는 것들은 확실히 거절했습니다. 의식적으로 멈춰서 스트레칭을 하고 크게 숨을 쉬었습니다. 그렇게 내 인생의 '최적화'를 만들어가기 위해 노력하는 중입니다. 한숨을 쉬려고 할 때 몇 번은 참았습니다. 신기하게도 한숨의 횟수가 줄었습니다. 아이가 "엄마 또 한숨 쉬어?"라는 말은 이제 하지 않습니다. 이렇게 아이는 저를 또 한번 변화시켰습니다.

습관적인 한숨 쉬기

→ 자기 연민은 그만하고 감사한 마음 의식적으로 갖기

"노력은 한 거야?"

학원에서 레벨 테스트를 보았는데 결과가 좋지 않습니다. 그렇게 미리미리 준비하라고 했는데 엉망으로 시험을 친 아이에게 화가 납니다. 도대체 노력은 한 건지 모르겠습니다. 한심하다는 뉘앙스가 가득 묻어난 채 묻습니다.

"노력은 한 거야?"

학교 단원 평가지를 가져왔습니다. 같이 봐주겠다고 할 때마다 알아서 공부한다고 하더니 틀린 문제가 너무 많습니다. 공부한다고 방에 들어갈 때마다 제대로 공부한 건지 모르겠습니다.

"노력은 한 거야?"

아이가 노력했을 수도 있고, 안 했을 수도 있습니다. 하지만 대부분 노력을 하지 않고 게으름 피우는 것을 봤기 때문에 하는 말입니다. '노력 안 하더니 거 봐라, 결과가 엉망이지?' 하는 의미지요.

"노력은 한 거야?"라고 물었을 때 "나름대로 노력했어요."라고 대답한다고 해도 "아, 그랬구나. 노력했구나."라고 대답이 나가지는 않습니다. "그게 노력한 거야?"라고 되묻게 되지요.

부모 눈에 안 찰지라도 어쨌든 학교나 학원에 다니면서 공부를 하고 시험 준비를 하고 시험을 치고 오는 과정 자체가 쉽지는 않습니다. 우리도 해봐서 알잖아요. 거기에 결과까지 좋지 않은데 "노력은 한 거야?" 하고 노력을 의심한다면 기분이 나쁠 것이라는 사실은 충분히 예상 가능합니다. 어쩌면 기분 나빠지게 하려고 한 말이기도 하고요.

입장을 바꿔서 회사에서 하기 싫은 업무를 맡아서 끝낸 상황이라고 생각해 볼게요. 상사가 "노력은 한 거야?"라고 묻는다면 기분이 어떨까요? 동기에도 도움이 안 되고, 그렇다고 서로의 기분과 관계에도 도움이 안 되는 말을 해야 하는 이유가 없는 거죠.

여기까지 반응은 잘라냅니다. 지금부터 이렇게 하지 않습니다.

수고를 인정해 주세요

결과가 어찌 되었든, 노력을 얼마나 했든, 압박감을 갖고 무언가를 완수한다는 것은 쉬운 일이 아닙니다. 만족스럽지 않은 시험 결과를 가져왔지만 엄마가 오히려 "고생했어."라고 말해 준다면 아이는 감동합니다.

아쉬운 느낌을 전달하세요

"엄마는 우리 아들이 충분히 더 좋은 점수를 받을 수 있을 거로 생각해." 하면서 믿음을 전달하고 "이번 점수는 그런 의미에서 조금 아쉽게 느껴지네." 하고 마음을 이야기합니다. "너도 아쉽게 느껴지지는 않니?"라고 질문했을 때 아이가 그렇다고 하면 더 매끄럽게 대화가 이어질 것이고요. "저는 별로 안 아쉬워요."라고 말한다면 "그래? 그럼 그 점수 그대로 둘래? 학원은 왜 다니니? 끊어야지."라고 말이 이어질 수 있지만, 마음의 소리로 남겨두자고요. "아쉽지 않다고 하지만 네가 좋은 점수를 얻게 되면 너도 기분이 좋겠지? 노력해서 좋은 결과를 얻었을 때의 뿌듯함과 만족감은 재밌는 거 하고 놀 때와 다른, 비교할 수 없는 기쁨이거든."이라고 말할 수 있습니다.

대화하면서 느끼는 것이지만, 기분 좋은 대화로 끝나느냐 아니냐는 한 끗 차이입니다. 순간의 감정을 매끄럽게 연결시키는 연습을 해야 합니다.

점검하는 시간을 가지세요

평가의 목적은 부족한 점을 알아내기 위해서입니다. 그런데 거기서 그치는 것이 아니라 공부 정서, 공부 방법, 공부 태도 등도 함께 점검하는 기회가 된다는 거예요. 우리 아이가 느끼는 공부 압박감이 적절한가, 공부를 지겹다고만 여기면 어떻게 하는 게 좋을까, 공부 방법을 바꿔본다면 어떻게 하면 좋을까 점검하고 계획하는 시간을 가지세요. 노력은 했냐고 다그치면서 기분 나쁘게 끝내지는 않았으면 좋겠습니다.

> "노력은 했어?"
>
> → "고생했어. 더 잘할 수 있을 것 같은데 아쉽네. 어떤 부분이 부족한지 같이 찾아보자."

"도대체 왜 그러는데?"

친구를 자꾸 놀리는 아이를 불러 지도하고 놀리지 않기로 약속했습니다. 분명히 약속했는데 다시 한번 친구를 놀려서 갈등이 생겼습니다. 그 후로도 몇 차례 그 일이 반복됐습니다. 답답해서 물었습니다.

"도대체 왜 그러는데?"

아이가 자주 편식을 합니다. 음식을 먹다가 뱉기도 하고 돌아다니기도 합니다. 초등학생이 되면 잘 먹게 된다고 하는데, 이제는 잘 먹을 때도 되었는데 정성껏 만들어낸 음식인 것은 둘째 치고 안 먹는 아이 꼬락서니를 보는 게 쉽지 않습니다.

"도대체 왜 그러는데?"

책을 읽는다고 방에 들어가서 조용합니다. 책을 잘 읽는가 해서 방문을 열었더니 후다닥 핸드폰을 숨깁니다.

"지금 뭐 하는 거야?"

아이가 '문제 행동'을 했을 때 습관적으로 나오는 말이 있습니다. "왜 그러는데? 그렇게 행동하는 이유가 뭐야?", "지금 뭐 하는 거야?" 사실 정말 뭐 하는지 궁금해서 물어보는 건 아닙니다.

"왜 놀리는데?" 이 말에 "그냥요.", "왜 안 먹는데?" 이 말에 "맛없어서요.", "지금 뭐 하는 거야?" 이 말에 "핸드폰 보는데요."라는 대답을 기다리는 건 아니었으니까요.

화가 나서 자동 반사적으로 하는 말이고, 아이들도 저 말에 딱히 대답할 생각은 하지 않아요. 대답하면 "어디서 말대꾸야?"라는 말을 들을 걸 너무 잘 알고 있거든요.

저도 처음에는 학생들에게 "그렇게 행동하는 이유가 뭐야?", "수업 시간에 떠드는 이유가 뭐니?", "자꾸 우리 반 규칙을 어기는 이유가 뭐니?" 하고 이유를 물었어요. 그런데 어느 순간 '내가 이유를 정말 듣고 싶어서 묻는 건가, 그 이유를 말하면 들을 생각은 있었던가?' 하는 생각이 들더라고요.

아이에게 "도대체 왜 그러는데?"라고 소리를 질렀더니 아이가 이렇게 말했어요. "엄마가 그렇게 말하니까 코끼리 수백 마리가 내 마음을 밟고 지나가는 것 같아서 마음이 꽁꽁 묶인 것 같아." 맞아요. 단순히 화가 나서 하는 말입니다. 특히나 저 말은 뉘앙스가 중요해요. 정말 궁금해서 이유를 물어보는 것과 확실히 다르거든요. 기억하세요. 대화의 목적은 감정의 분풀이나 비난이 아니고, 협의, 감정과 생각 교환 그리고 올바른 행동을 위한 것입니다.

-------------------------------- **절취선** --------------------------------

여기까지 반응은 잘라냅니다. 지금부터 이렇게 하지 않습니다.

잘못된 행동을 지도합니다

잘못된 행동을 알려주면 되는데 들을 생각도 없는 이유를 물으면서 기분 상해할 필요는 없습니다. 물론 아이의 마음을 알고자 하는 의도가 있다면 '왜 그랬는지' 이유를 물을 수는 있어요. 하지만 이때 중요한 것은 뉘앙스입니다. "도대체 왜 그러는데?(공격)"와 "왜 그러니?(관심)"는 다르니까요. 아이가 잘못된 행동을 했을 때 기술을 익힐 수 있도록 도와야 하는 상황이라고 생각해야 합니다.

"친구를 놀리는 것은 잘못된 거야.", "설마 우리 아들이 핸드폰을 보고 있었니?" 하는 식으로 지도합니다.

"도대체 왜 그러는데?"

→ "-해야지. 잘못된 행동이야."

"너 같은 자식 낳아서
똑같이 당해봐"

자식을 키우면 기대하는 바가 생깁니다. 어린 시절에는 귀여운 모습을 보여준 것만으로도 힘든 게 다 보상이 되는 것 같았지만 슬슬 크면서는 공부를 잘하는 모습을 보여서 나의 업적을 만들어줬으면, 부모로서 잘하고 있다는 것을 입증해 줬으면 하는 마음이 꿈틀댑니다. 어디 그뿐입니까? 그저 귀엽기만 했던 아이가 반항하는 모습을 보이면 '내가 너를 키우려고 무슨 고생을 했는데.' 하면서 서운한 마음이 들고 크면 클수록 '내가 이러려고 자식을 키웠나.' 하는 생각이 듭니다.

학원을 자꾸 빼먹으려는 아이에게 잔소리했더니 엄마에게 대

듭니다. "누가 다니고 싶다고 했어? 엄마가 다니라고 해놓고 왜 그래!" 아이의 가시 박힌 말에 감정적으로 대응합니다.

"자식 키워봤자 아무 소용없어. 너 같은 아들 낳아서 똑같이 당해봐."

예민하고 까칠한 자식을 키우느라 자식이 아주 상전이나 다름 없을 때가 많습니다. 새 옷을 사왔더니 "싫어. 왜 엄마 마음대로 내 옷을 사고 그래?"라고 공격적으로 말합니다. 사포 같은 아이의 말에 똑같이 대응합니다.

"그래, 자식 키워봤자 아무 소용없다. 너 같은 딸 낳아서 똑같 이 당해봐."

우리가 자식을 키우는 이유는 무엇일까요? 자식이 재산인 시대 는 지났습니다. 농사를 지어야 할 가족 구성원이 필요한 것도 아 니고, 자식이 늙은 부모를 모시는 일도 확신할 수 없습니다. 그저 부모에게 손 안 벌리고 독립하는 것이 고마운 시대이죠. 부모에게 뭘 해달라는 것이 아닙니다. 그저 자기들끼리 잘 살면서 속상하게 나 하지 않았으면 하는 거죠(물론 자식이 잘하면 좋지요). 즉 자식을 키우는 이유가 자식의 유용성 때문은 아니에요.

하지만 "자식 키워봤자 아무 소용없어."라고 말하는 것을 들으면 아이는 '나는 부모에게 소용 있어야 하는 존재구나.', '나는 부모님께 아무 도움도 안 되는 존재구나.'라고 느껴집니다. 즉 그런 말은 자식이 부모에게 소용 있는 존재가 되어야 한다는 것을 무의식중에 전달하고 있는 것입니다. 자식은 내가 돌봐줄 존재로 키워야 합니다. 낳았으면 키우는 게 당연합니다. '내가 얼마나 고생했는지 알아라!' 하면서 자식을 키우는 생색을 내야 할 필요가 있을까요? 자식을 진심으로 대하면 자연스럽게 그리고 당연하게 부모를 사랑하고 고마워합니다.

-------------------------------- **절취선** --------------------------------

여기까지 반응은 잘라냅니다. 지금부터 이렇게 하지 않습니다.

내 마음을 들여다보세요

"너 같은 자식 낳아서 똑같이 당해봐."와 같은 말을 자식에게 하는 이유는 무엇일까요? "나 지금 너무너무 서운하거든! 속상하거든!" 이 마음이에요. 이상하죠. 그냥 내 마음을 그대로 전달하면 될 텐데 우리는 꼭 공격형으로 바꾸어서 말합니다. 왜일까요? 내 마음을 들여다보는 일이 익숙하지 않기 때문입니다. '기분이 나쁜데 왜 그럴까? 어떤 욕구가 좌절된 것일까? 지금 내 마음은 어떨까?'와 같은 것들에 대해 생각해 보는 것이 쉽지 않기 때문이에요.

'지금 나는 아이가 열심히 했으면 좋겠다는 욕구가 좌절되었고, 내가 했던 고생을 인정해 주지 않아서 속상하고 서운한 마음이야.'라는 것을 '캐치'하고 "네가 그렇게 말하니 엄마는 너무 속상하다. 엄마는 우리 딸이 학원 다니면서 더 많은 것을 배웠으면 해."라고 표현해야 합니다.

아이는 그 자체로 행복인 존재입니다

저는 사실 크면서 한 번도 "자식 키워봤자 소용없다. 너 같은 자식을 낳아라" 하는 말을 들어본 적 없어요. 하지만 "어릴 때 넌 참 예민하고 자주 아팠어."라는 말씀만 들어도 엄마한테 미안한 생각이 들었어요.

〈금쪽같은 내 새끼〉를 보면 과도하게 절약하는 엄마가 나와요. 표정을 항상 찌푸린 채로 아이들에게 화를 냅니다. 아이는 소아우울증이 올 정도로 엄마를 힘겨워하고 밀어내요. 그런데 코끼리 앞에서 이렇게 말해요. "내가 없었으면 엄마가 화내지 않았을 거야. 내가 없었으면, 엄마가 많이 웃었으면 좋겠어."

부모가 힘들어하는 모습을 보면 부모의 돌봄과 지원을 받아야 클 수 있는 아이는 미안해하고 자책합니다. 심하게는 '내가 없었으면……'이라는 생각도 하지요. 저희 아이도 그랬어요. 제가 힘들어하면 "엄마, 나 키우느라 많이 힘들어?"라고 물었어요. 저는 어머니께서 저에게 해주셨던 말을 아이에게 해줍니다.

친정엄마는 저에게 "너를 키우면서 엄마는 참 행복했어."라는 말씀을 해주셨고, 저는 그 말을 들으면서 '아, 다행이다.'라는 생각을 했거든요. 그래서 아이에게 말합니다. "엄마는 우리 아들과 함께할 수 있어서 정말 행복해." 그리고 아이 앞에서 웃는 표정을 일부러라도 지어 보이려고 노력합니다. 한숨을 쉬지 않으려고 노력했던 것처럼 웃는 것도 의식적으로 노력하다 보면 저의 '디폴트' 표정도 달라지지 않을까 기대하면서요.

공부 정서를 키우는 대화 10계명

1. 공감하기 | 아이의 마음을 들여다본다

'공감'의 중요성이 한참 주목을 받았다가 최근에는 지나친 공감으로 인해 오히려 아이가 익혀야 할 것을 배우지 못했다는 의견이 주목을 받고 있습니다. 원래 극단은 없는 거예요. 공감과 훈육이 마치 시소의 양쪽에 있는 것처럼 왔다 갔다 합니다. 그런데 왔다 갔다 한다는 것은 어느 것 하나 놓칠 수 없다는 의미이기도 합니다. 공감도 훈육도 모두 중요하다는 것이죠. 교실에서 지도하는 시간이 늘어날수록, 아이를 키우는 시간이 늘어날수록 '공감'이 매우 중요하다는 것을 느낍니다. 또 공감이라고 하는 것은 단순히 "-했구나."를 넘어선다는 것을 깨닫습니다. 공감이라는 것은 판단하지 않고 있는 그대로 아이의 욕구와 의도 그리고 마음을 들여다보는 것입니다.

　교실에서 아이들은 수많은 문제로 교사를 찾습니다. 그때마다 모든 문제의 옳고 그름을 판단해 주기란 쉽지 않습니다. 준서가 걸어가다가 자신도 모르게 영철이의 어깨를 칩니다. 영철이는 준서가 일부러 쳤다고 생각하고 자신을 친 영철이를 칩니다. 영철이는 갑자기 준서가 자신을 때리니 화가 납니다.

"왜 때려?" 영철이가 씩씩거리며 준서에게 말을 합니다.

"네가 먼저 쳤잖아." 준서 역시 화가 난 목소리로 말합니다.

"내가 언제?" 어이없다는 듯이 영철이가 말합니다.

이렇게 싸우다가 저에게 옵니다. 상황을 하나하나 들어보면 잘 잘못을 가리기가 쉽지 않은 경우가 많습니다. 저는 준서에게 말합니다.

"갑자기 영철이가 치니 깜짝 놀라고 억울했겠다."

준서는 억울한 표정으로 고개를 끄덕입니다.

"영철이 너는 지나가다가 갑자기 누가 어깨를 치니 얼마나 짜증스러웠니?"

영철이도 풀 죽은 표정으로 고개를 끄덕입니다.

준서와 영철이에게 공감하는 말을 한마디씩 던져주면 고개를 끄덕이고 다시 돌아갑니다. 그리고는 언제 싸웠냐는 듯이 함께 놉니다. 준서와 영철이에게 필요한 것은 본인들의 억울한 감정에 대한 정당성 인정, 즉 공감이었던 것입니다. 물론 선생님이 친구에게 따끔하게 한마디 해주는 것으로 억울함이 풀리기도 하고, 속 시원하고 깔끔한 해결책이 더 필요한 일도 있습니다. 하지만 그것 역시 아이의 의도를 있는 그대로 보려는 노력 없이는 불가능합니다.

"선생님, 준우가 자꾸 이상한 말을 해서 저희 모둠 활동을 방해해요."

4명이 모둠원인데, 한참 떠들다가 이제 우리 조용하고 활동을 시작하자고 했나 봐요. 그랬더니 준우가 자꾸 시비를 걸면서 모둠 활동을 안 한다는 것입니다. 딱 보아하니 준우가 슬쩍 배제를 당하는 상황이었어요. 준우는 또래보다 유아적이고 눈치가 없었거든요. 나머지 3명이 자기들끼리 이야기를 하다가 "야, 야, 이제 우리 얼른 끝내자."라고 말하는 거였습니다.

이런 상황에서 준우에게 조용히 하고 집중하라고 말하면 준우는 억울하기만 합니다. 조금 전까지는 나머지 3명이 이야기를 하고 있었거든요. 준우는 친구들 사이에 끼고 싶어서 자극적인 이야기를 하거나 시비를 거는 거예요.

"준우야, 너도 친구들이랑 이야기하고 싶었구나."

"너 왜 자꾸 친구들한테 시비 걸어?" 하는 게 아니라 상황을 빠르게 파악하고 준우의 진짜 마음을 알아줄 때 준우는 이상한 억지를 부리지 않아요. "준우 마음은 알겠는데 모둠 활동을 끝내긴 해야 하니까 지금부터 해볼까? 얘들아, 준우가 너희들이랑 이야기하고 싶었나 봐." 하고 준우의 입장에 대한 공감으로 상황을 정리해 줍니다.

〈비폭력대화〉에서는 공감을 방해하는 장해물에 대해 다음과 같이 말하고 있습니다. 혹시 나도 모르게 말하고 있는 것은 없나 생각해 보세요.

- 조언하기 | "내 생각에 너는 -해야 해.", "왜 -하지 않았니?"
- 한술 더 뜨기 | "그건 아무것도 아니야. 나한테는 더한 일이 있었는데……."
- 가르치려 들기 | "이건 네게 정말 좋은 경험이니까 여기서 배워."
- 위로하기 | "그건 네 잘못이 아니야. 너는 최선을 다했어."
- 말을 끊기 | "그만하고 기운 내."
- 다른 이야기 꺼내기 | "그 말을 들으니 생각이 나는데……."
- 동정하기 | "참 안 됐다, 어쩌면 좋으니."
- 심문하기 | "언제부터 그랬어?"
- 설명하기 | "그게 어떻게 된 거냐면……."
- 바로잡기 | "그건 네가 잘못 생각하고 있는 거야."

'위로하기', '동정하기', '심문하기'는 평소에 습관처럼 하는 말버릇이었습니다. 그저 속상한 일을 공감받고 싶었을 뿐인데 어쭙잖은 위로를 하고, 동정을 하면 기분이 더 나빠진다는 것을 알게 되었죠. 아이에게 우리가 자주 하는 실수는 조언하거나, 가르치려 들거나, 바로잡으려고 하는 것입니다.

공감한다는 것은 상대가 원하는 욕구를 헤아린다는 것이기도 합니다.

"친구와 잘 지내고 싶었는데 속상했구나."

"시험을 잘 보고 싶었는데 불안했구나."

'공감'도 연습하고 훈련하면 가능해집니다. 아이의 욕구가 눈에 보이고, 그 욕구를 들여다보는 횟수가 늘어납니다.

2. 질문하기 | 질문을 던져 생각하고 스스로 결정하게 한다

우리는 왜 문제집을 풀까요? 질문을 던지고 답을 찾기 위해 생각하는 과정에서 이론이 머릿속에 쏙 들어오기 때문이죠. 비단 공부뿐일까요? 수업 시간에 "자, 자, 조용히 하자."라고 하기보다 "지금 떠드는 사람이 누굴까?"라고 질문을 던지면 더 조용해집니다. 집에 온 아이에게 "집에 오자마자 손 씻어야지!" 하는 것보다 "밖에서 들어와서 바로 해야 하는 것을 뭘까?"라고 물으면 덜 기분 나빠하고 더 빨리 손을 씻습니다. 약속했던 주말 영상 시청 시간이 지나면 "우리가 어떤 약속을 했더라?"라는 질문으로 할 일을 상기시켜 줍니다.

"지금 어떤 것을 하면 좋을까?"

"지금 네 방 상태는 어떠니?"

"뭐 하는 시간일까?"

"어떻게 하면 좋을까?"

부모의 역할은 아이가 알아서 판단하고 선택할 수 있도록 돕는 것입니다. 그래서 아이가 주체인 삶을 살아가도록 하는 것이죠. 이 과정에서 아이는 선택하는 방법을 배우고 그 능력을 키워갑니다. 괜찮은 선택을 하려면 선택의 순간을 많이 경험해 봐야 합니다. 엄마는 숙제를 시키기보다 "뭐부터 할래?", "오늘 오후 계획은 어떻게 되니?"라는 질문으로 우선순위를 두어야 할 것이 무엇인지에 대해 생각하고 스스로 결정하게 만들어야 합니다.

아이와 대화하면서 본인이 선택한 결과에 대해 알아볼 수 있도록 질문할 수 있습니다.

자주 지각하는 학생과 이야기를 나눕니다.

"하윤아, 아침에 학교에 몇 시까지 와야 할까?"

"8시 50분이요."

"하윤이는 보통 몇 시에 오지?"

"9시 넘어서요."

"왜 자꾸 늦는 것 같니?"

"늦게 일어나고 엄마가 밥을 다 먹고 가라고 하셔서요."

"지각하면 기분이 어때?"

"별로 안 좋아요."

"그럼 앞으로 어떻게 하면 좋을까?"

"일찍 와야겠죠."

"어떻게 하면 일찍 올 수 있을 것 같아?"

"일찍 일어나요."

"몇 시에 자니?"

"11시쯤?"

"몇 시에 자고 몇 시에 일어나는 게 좋겠어?"

"10시에 자고 7시 30분에는 일어나면 좋을 것 같아요."

"지각하지 않고 학교에 오면 기분이 어떨 것 같아?"

"마음이 급하지 않고 편할 것 같아요."

"그래, 선생님도 그게 생각보다 쉽지 않다는 것을 알아. 내일은 일찍 일어나서 일찍 등교하는 거 해볼 수 있겠어?"

"네."

제가 지시하거나 가르친 것은 하나도 없었습니다. 끌어내기만 했지요. 물론 원하는 답이 나오지 않을 가능성이 더 높습니다. "몰라!" 하며 짜증을 낼 수도 있고 "지금 무슨 시간일까?"라는 질문에 "노는 시간!"이라고 대답하며 속을 뒤집어놓을 수도 있어요. 더욱이 화가 나면 질문하는 것은 쉽지 않습니다. 하지만 '먹힐 때'도 꽤 많으니 손해 보는 대화법은 아니랍니다. 또한 "너는 그렇게 생각하는구나? 더 좋은 선택을 할 거라 믿어." 하고 여유 있게 답하고 기다려볼 수도 있고요. 부모나 아이 둘 중 하나라도 흥분한 상태라면 질문하지 말고 기다려야 합니다. 그런 뒤 소크라테스가 되어 질문해 보세요!

3. 문제 해결하기 │ **협력적으로 문제를 해결한다**

영철이가 갑자기 웁니다. 아이들은 영철이가 운다고 저에게 말을 합니다. "선생님, 영철이 울어요. 민재랑 승오가 영철이한테 막 뭐라고 해서 우는 거예요." 저는 또 갈등이 일어났구나 싶어서 아이들이 모인 곳으로 갑니다. 하루에도 몇 번씩 갈등이 생기고, 갈등을 해결하기 위해 도와주는 것은 교사의 역할입니다. 어떨 때는 그런 게 참 힘겹게 느껴지기도 합니다. 하지만 이제는 저에게 마법의 어휘력이 있어서 든든합니다. 어떤 어휘력이냐고요?

"민재, 승오, 영철이 이리와 봐. 누가 어떻게 된 상황인지 설명해 줄래?"

절대 혼내는 뉘앙스면 안 됩니다. '어떻게' 화법을 사용해서 상황을 파악해야 합니다.

"한국이랑 우루과이 축구에서 영철이가 우루과이가 이긴다고 해서 저랑 승오가 한국이 이긴다고 했어요." 민재가 말합니다. 보통 한 명이 말하면 자기가 유리한 부분만 말하거나 자기의 잘못은 축소하기 마련입니다. "영철아, 맞니?" 하고 울고 있는 영철이에게 물으니 억울한지 설명을 추가합니다. "제가 우루과이가 이길 것 같다고 했는데, 승오랑 민재가 한국이 이긴다고 해서 제가 도서관에 그냥 갔는데, 도서관까지 쫓아와서 한국에서 나가라고, 한국 사람 아니라고 쫓아낼 거라고 막 그랬어요."

"그래서 영철이 기분은 어땠어?"

"기분 나빴어요."

여기까지 하면 상황 파악은 끝입니다. 제가 솔로몬이 되어 잘잘못을 따질 필요도 없습니다. 문제를 해결하는 것이 목적이 되어야 하거든요. 마법의 문장을 사용합니다.

"너희들은 어떻게 생각하니?"

잠시 생각하더니 승오와 민재가 기죽은 목소리로 말합니다.

"저희가 잘못한 것 같아요."

"어떻게 하면 좋겠어?"

"사과해야 할 것 같아요."

"영철아, 민재와 승오가 사과하고 싶다는데 사과하면 마음이 좀 풀리겠니?"

영철이는 고개를 끄덕입니다. 민재와 승오는 사과합니다.

"영철아, 네가 축구를 잘하는 걸 잘 알고 있는데 나는 한국이 이겼으면 좋겠다는 마음에 네가 우루과이가 이길 거라고 하니까 기분이 안 좋아서 그랬어. 미안해."

만약 제가 판단하고 사과하라고 했다면 시켜서 사과하는 아이가 되겠지요. 하지만 스스로 해결책을 낸다면 자율적으로 문제를 해결하는 아이가 됩니다. 그리고 선생님께 혼나고 뭔가 억지로 사과하는 것 같아서 잘못한 건 알아도 기분이 나쁘겠죠. 하지만 "어떻게 하면 좋겠어?"라고 물어서 아이가 스스로 답을 찾으면 기분이 상하지 않아요. 거기다가 문제까지 해결할 수 있죠. 이렇게 딱 두 단계만 걸치면 정말 대부분 문제가 해결됩니다.

1단계 _ 상황 파악 ┃ "어떻게 된 상황인지 말해 줄래?"
2단계 _ 문제 해결책의 주도권 주기 ┃ "어떻게 하면 좋을까?"

아이가 만약 스마트폰을 손에 쥐고 계속 놓지 않은 상황이었다고 해볼게요.

• **문제 해결로 이끌기** ┃ "네가 그렇게 행동하니 화가 나는구나. 어떻게 하면 좋을까? 스마트폰을 잘 사용하는 방법을 찾으면 엄마한테 알려줘."

어른들은 아이들에게 주도권을 넘겨주기를 두려워합니다. 해결책을 만들어줘야 할 것 같고 좋은 말을 해줘야 할 것 같습니다. 왠지 그래야 권위가 생길 것 같고 어른으로서 할 일을 한 것 같습니다. 하지만 그럴 필요는 없습니다. 아이를 믿지 못하기에 해결책을 묻는 일을 두려워하는 것입니다. '아이가 해결책을 말하지 못한다면?', '이상한 말을 한다면?' 오히려 문제가 복잡해질 거로 생각하기 때문이죠. 아이가 스스로 문제 해결책을 생각할 기회를 주세요.

'무슨 일이니? 이 문제를 해결하려면 어떻게 해야 할까?'

문제 해결 중심의 사고는 전달이 되더라고요. 저희 반 학생이 학원 가방을 옆에 두는 바람에 다른 친구들이 걸어가면서 발에 자꾸 걸리는 거예요. 한 명이 가방 주인에게 뭐라고 하니까 다른 학생이 "문제를 해결해야지. 이 가방을 저기에 두면 어떨까?" 하고 빈자리에 가져다 두는 거예요. "어떻게 할까?"라고 물어서 문제 해결 방법을 생각하다 보면 문제 해결력도 높아지게 됩니다. 삶의 기술을 획득하게 되는 것이죠.

만약 문제 해결의 대화조차 불가능하게 둘 중 한쪽이라도 감정이 격해져 있거나 아이의 반항이 너무 심하다면 잠시 차분해질 시간이 필요합니다. 아이의 행동에 즉각적으로 반응해서 힘겨루기 상황으로 가지 않도록 '타임아웃'을 갖습니다. 이 '타임아웃'은 혼내는 시간이 아니고 마음을 차분하게 가라앉히는 시간입니다.

"조금 이따가 서로 이야기할 수 있을 때 이야기하자." 이렇게요. "지금은 선생님이랑 대화할 수 있는 상황이 아닌 것 같네. 네가 대화할 마음의 준비가 되면 선생님한테 다시 오렴."이라고 말합니다. 아이가 다시 올까요? 단 한 번도 다시 오지 않았어요. 마음이 풀려 잊어버리고 놀거나 마음은 풀렸는데 혼날까 봐 다시 오지 않아요. 그래서 아이가 진정이 되었다 싶으면 제가 먼저 가서 말합니다. "이제 선생님이랑 이야기할 준비가 좀 되었니?" 이때 역시 뉘앙스가 중요합니다. 혼내는 듯한 말투로 질문하면 아이는 금세 시무룩해지고 대화에 참여하지 않으려고 해요.

저희 아이 역시 감정이 격해지면 방문을 탕 닫고 들어가곤 합니다. 그때 "이놈이 어디서 부모 앞에서 버릇없이 굴어?" 하고 억지로 끌고 나와 부모 앞에 앉힐 필요는 없습니다. 스스로 냉각기를 갖는 시간으로 생각하면 됩니다. "지금은 엄마랑 이야기하기 힘들구나. 마음이 진정되면 다시 이야기하자."라고 말하고 밖에서 저 역시 감정을 다스리면서 기다립니다. 그리고 몇 분 후 방문을 노크하면서 "엄마, 들어가도 될까?" 하고 부드럽게 물어봅니다. 우리는 문제 해결의 대화를 하려는 것이지 혼내고자 하는 게 아닙니다. 가르치는 것 역시 '문제 해결'이니까요. 아이가 문제 해결책을 생각해 내지 못하면요? 다음을 참고하세요.

4. 선택권 주기 | 선택을 유도하고 책임을 지게 한다

A or B ?

수용 가능한 해결책을 적어도 두 가지 정도 제시하고 그중에서 적절한 것을 선택하게 합니다. 여기에는 '적절성'과 '수용 가능성'이 필요합니다. 선택할 만한 제안을 몇 가지로 한정해서 제시하는 것이죠.

사실 선택권 주기는 나이 불문, 문제 불문하고 정말 요긴하게 쓰이는 방법입니다. 간단하게는 유튜브를 *끄*지 않겠다는 아이에게 "지금 유튜브 끌까? 10분 후에 끌까?"라고 물어봅니다. 놀이터에서 집에 들어가지 않겠다는 아이에게 "지금 들어갈래? 10분 후에 들어갈래?"라고 묻지요. 대부분 후자를 선택해요. 선택하는 순간 아이는 책임감을 느낍니다. 그래서 10분이 지나면 내가 선택한 거라 찝찝한 거죠. 시간이 어느 정도 지나면 유튜브를 *끄*거나 집에 들어갑니다. 반복할수록 약속을 지키는 횟수는 늘고 시간도 조금 더 정확해집니다.

A or B, 두 가지 중 하나를 선택하게 하는 방법은 아마 일상에서 수도 없이 쓸 수 있을 거예요. '아이가 선택하기에 최악 or 아이가 선택하기에 차악' 정도로 선택권을 주면 되니까요.

어린아이들에게 "무엇을 배우고 싶니?", "어디에 앉고 싶니?" 등 너무 광범위한 질문을 하고 선택하게 하는 것은 적절하지 않습니다. "영어 숙제를 먼저 할래? 아니면 수학 숙제를 먼저 할래?" 하고 구체적인 선택권을 주는 게 좋습니다.

고학년 학생들에게는 조금 더 광범위한 선택권을 줄 수도 있습니다. 고학년 학생들은 결정하고 대처하는 기술이 좀 더 향상되어 있기 때문이죠.

A or B or C or D or …….

선택권을 여러 개 줄 수도 있습니다. 10계명 중 세 번째 문제 해결하기에서 "어떻게 하면 좋을까?"라고 물어보는 방법을 사용해 보라고 말씀드렸습니다. 하지만 저학년에게 "어떻게 하면 좋을까?"라고 물으면 "모르겠는데요?"라고 말하는 경우가 많아요. "한 번 더 생각해 보고 알려줘." 했는데도 모른다면 정말 모르는 거고요. 그럴 때는 저는 선택권을 줍니다.

놀이터에서 3시간째 집에 들어가지 않으면서 친구는 없다고 짜증 내는 아이에게 "도대체 몇 시간 동안 노는 거야? 친구들이 아무도 없잖아. 네가 놀이터에 있겠다고 해놓고 짜증은 왜 내니?"라고 말하는 대신 선택법을 제안합니다.

"1번, 지금 집에 들어간다.

2번, '엄마랑 무궁화 꽃이 피었습니다' 한 판하고 집에 들어간다.

3번, 혼자서 논다.

어떤 게 나을까?"

2번을 고른 아들은 '무궁화 꽃이 피었습니다' 한 판을 하고 집에 들어갔습니다.

아들이 침대 헤드 위에서 엎드려 누워 있는 저를 향해 뛰어내리는 장난을 계속 쳤습니다.

"아! 아파."

아이는 웃긴지 계속해서 뛰어내렸습니다.

"훈이야. 엄마 너무 아파. 훈이는 지금 뛰어내리고 싶고, 엄마는 너무 아파서 안 뛰어내렸으면 좋겠어. 서로 원하는 게 달라. 어떻게 하면 좋을까?"

"모르겠어(진짜 몰라서일 수도 있고, 엄마에게 장난치는 일을 멈추고 싶지 않아서 일부러 모른다고 한 거일 수도 있죠)."

"그럼 엄마가 말해 볼게, 골라봐.

1번, 훈이는 계속 뛰어내리고 엄마는 아파서 결국 병원에 간다.

2번, 훈이는 침대에서 더 이상 뛰어내리지 않고 그냥 다른 것을 하고 논다.

3번, 훈이가 침대에서 뛰어내리고 싶으니까 엄마 대신 큰 베개 위에 뛰어내린다.

뭐가 좋을까?"

아들은 조용히 생각하더니 3번이라고 말했습니다. 그리고 서로 기분 좋게 엄마 대신 큰 베개 위에서 뛰어내리는 놀이를 계속했습니다.

선택권을 여러 개 만들어 아이가 스스로 선택하고 책임감을 발휘할 수 있게 해주세요. 그럼 선택권 중에 조금 더 난이도가 높은 방법을 소개해 보겠습니다.

A → A´, B → B´, A or B?

"선생님, 운동회 때 장애물 달리기에서 꼴등 하는 사람이 슬러시 사주는 거 내기했는데, 은호가 꼴등 해놓고 슬러시 안 사요."

사실 경력이 없었을 때였으면 '이런 것까지 내가 해결해 줘야 하나?' 생각했을 거예요. 하지만 모든 순간이 배움인 걸 아는 지금은 어떻게 현명하게 알려줄 수 있을까 생각해 보게 됩니다. 은호에게 물으니 내기한 게 맞다 합니다.

"은호야, 근데 왜 꼴등 하고 슬러시 안 사는 거야?"

"제가 2등 할 줄 알았는데 3등(꼴등) 해서요."

그 이유를 듣고 지극히 자기 중심적인 이유라 조금 웃음이 나왔지만 꾹 참았어요. 슬러시를 살 돈은 있냐고 물었더니 고개를 살짝 끄덕입니다. 이른 친구와 은호에게 말했어요.

"선생님은 은호한테 강요해서 억지로 슬러시를 사라고 할 수 없어. 그런데 은호한테 이런 말은 해줄 수 있겠다. 은호 네가 할 수 있는 선택은 두 가지야. 1번, 친구들과 했던 약속을 지켜서 슬러시를 사주고 약속을 지키는 친구가 되는 것. 2번, 돈은 아끼고 친구들과 했던 약속을 어기는 친구가 되는 것. 1번을 택할지, 2번을 택할지는 네가 스스로 결정하는 거야. 은호 네가 2번을 택했다고 억지로 슬러시를 사게 하고 혼내고 이럴 권리는 선생님한테 없어. 은호 네가 생각하고 결정하면 돼."

어른이 해줄 수 있는 일은 이거라고 생각해요. 선택 후에 펼쳐질 것이 무엇인지 알려주는 것. 물론 어른이라고 해서 모두 경험해본 것은 아니므로 다 알 수는 없어요. 하지만 초등 아이들이 겪는 문제는 부모 눈에 그려지는 경우가 많고, '그래서 이렇게 해라, 저렇게 해라!' 강요하는 경우가 많거든요.

"네가 선택할 수 있는 것은 A와 B가 있어. A를 선택하면 A가 되고, B를 선택하면 B가 되는 경우가 많단다. 무엇을 선택할지는 네가 결정하고 책임지는 거야."라고 하면 제 경험상 옳은 결정을 선택하는 경우가 많았어요. 설사 어른들이 원하지 않는 것을 선택할지라도 알았다고 하면 다음 선택에서는 또 다른 선택하는 것도 많이 봤고요. 자신을 존중한다고 느낀 것이죠.

아, 은호는 어떤 선택을 했느냐고요? 한 명만 사줄 수 있을 것 같다고 했고, 한 명이 양보해서 결국 한 친구가 슬러시를 얻어먹었다는 훈훈한(?) 결론입니다.

스마트폰을 계속하는 아이에게 이렇게 말할 수도 있지요.

"1번, 스마트폰을 하느라 숙제를 못 하고 학원에 가서 실력이 계속 뒤처진다. 2번, 스마트폰을 끄고 할 일을 다 한 후에 깔끔한 마음으로 쉬는 시간도 즐기고 학원도 간다. 어떤 게 나을까? 이것보다 더 좋은 방법 있니?" 이렇게요.

처음 소개했던 A or B 기법보다 살짝 난이도가 올라갔지만 이역시 괜찮은 효과를 가져오는 방법입니다.

5. 관찰하기 | 객관적으로 말하여 스스로 판단하게 한다

"너희는 왜 그렇게 맨날 떠드니?"라고 하는 것보다 "수업 시간에 말하는 학생이 3명 있네요."라고 하면 기분 나빠하기보다 멈칫

하면서 조용합니다. 왜냐면 전자는 '평가'고 후자는 '관찰'이기 때문입니다. '맨날'이라는 것 자체가 이미 주관적인 평가가 들어간 것입니다. 그래서 아이들은 '나 맨날 떠드는 거 아닌데?' 하는 자기방어 기제가 앞서게 됩니다. 평가하지 않고 관찰하는 것은 생각보다 어렵습니다. 관찰하지 않고 평가하면 비판으로 받아들여지면서 기분만 나빠지는 경우가 많습니다.

관찰한 것을 그대로 묘사하듯이 말하는 것이 의외로 효과가 좋을 때가 많이 있습니다. '질문하기'는 질문함으로써 생각하고 선택하게 하는 것이고, '관찰하기'는 관찰한 내용을 객관적으로 전달함으로써 스스로 판단할 수 있게 하는 것입니다.

가정통신문을 아직 안 낸 학생들을 향해 "선생님이 가정통신문을 제출하라고 4번째 말하네."라고 말합니다. 모둠 활동을 하라고 했더니 계속 장난만 치고 있는 학생들에게 "모둠 활동이 시작된 지 벌써 20분이 지났습니다."라고 말합니다. 집중하지 못해서 빨리 수업 활동을 끝내지 못한 학생에게 "지금 18명은 활동을 끝냈고 2명은 아직 못 끝냈네요."라고 말합니다. 엉망인 아이의 방을 보면서 "지금 네 방에 제자리가 아닌 곳에 물건들이 놓여 있구나."라고 말합니다. 하루의 과제를 제대로 하지 못한 아이에게 "오늘 3시간 동안 밖에서 놀았고, 집에 와서 1시간 놀았어. 독서 타임 규칙은 아직 지키지 못한 상황이네."라고 말합니다.

'관찰하기' 방법을 잘 사용하기 위해서는 '관찰하기'와 '평가하기'를 구분하는 것이 필요합니다. 다음은 〈비폭력대화〉에 나온 예를 활용한 것입니다. 예문이 왜 '평가하기'에 해당하는 것인지 함께 생각해 봐요.

1 | 상우는 어제 **이유 없이** 내게 화를 냈다. → 이유가 없다는 것은 나의 입장에서 추측하고 평가한 것입니다. 상우의 마음에 두려움, 슬픔과 같은 느낌이 있을 수도 있습니다. 이를 관찰표현으로 바꾸면 "상우는 내게 화났다고 말했다.", "상우는 주먹으로 탁자를 쳤다." 라고 바꿀 수 있습니다.

2 | 우리 아버지는 **좋은** 분이다. → '좋은' 분이라는 것 자체도 평가입니다. 좋은 의견이라고 평가가 아닌 것은 아니니까요. "지난 25년간 우리 아버지는 월급의 10분의 1을 자선단체에 기부하셨다."라고 한다면 그것은 관찰이 됩니다.

3 | 영자는 일을 **너무 많이** 한다. → '너무 많이' 역시 주관적인 입장의 평가입니다. "영자는 이번 주에 60시간 넘게 일했다." 하는 건 관찰이 되겠지요.

4 | 민수는 **공격적이다.** → '공격적'이라는 것도 평가입니다. "민수는 여동생이 텔레비전 채널을 돌리자 때렸다."는 관찰표현입니다.

5 | 동진이는 나를 무시한다. → '무시' 역시 주관적인 평가입니다. "동진이는 내가 오늘 메시지를 3번 보냈는데 모두 답을 하지 않았다." 하는 것은 관찰표현이 됩니다.

6 | 우리 아들은 이를 자주 닦지 않는다. → '자주' 역시 평가입니다. "이번 주에 자기 전에 두 번 이를 닦지 않았다."가 관찰표현입니다.

7 | 아이는 말을 듣지 않는다. → "주말에 할머니 집에 가자고 아이에게 말했는데 싫다고 했다."가 관찰표현이 됩니다.

우리는 자신도 모르게 평가하는 말을 사용합니다. "너는 왜 그렇게 소심하니?", "너는 왜 이렇게 느리니?", "맨날 그렇게 말하더라.", "텔레비전을 너무 많이 보는 거 아니야?"와 같이 말이죠.

물론 우리는 '평가'하고 '피드백'을 주면서 더 좋은 방향으로 끌어가며 지도하는 것이 필요합니다. 하지만 과도한 평가로 폭력적인 대화를 사용하고 있지는 않았나 돌아볼 필요가 있습니다. 내가 오늘 사용하는 말을 스스로 인지하면서 '관찰하기'의 대화로 바꿔보세요.

6. 관철하기 | 아이의 행동에 일일이 반응하지 않는다

"선생님, 오늘 수업 안 하면 안 돼요?"

"엄마, 오늘만 공부 안 하면 안 돼요?"

"선생님, 오늘 영화 봐요."

"선생님, 다음 시간에 시험 보면 안 돼요?"

"엄마, 오늘만 양치 안 하면 안 돼요?"

"엄마, 공부는 왜 해야 돼요?"

아이들은 당연히 해야 하는 일도 안 할 수 있는 핑계를 찾느라 바쁩니다. 쓸데없어 보이는 질문에 일일이 답해야 할까 생각이 들고, 하기 싫다는 말에 공감을 해주어야 하나 고민이 됩니다. 저는 지금까지 공감의 중요성을 강조했습니다. 하지만 그렇다고 모든 순간 공감을 해야 하는 건 아닙니다. 관철한다는 뜻은 '어려움을 뚫고 나아가 목적을 기어이 이룬다.'는 의미입니다. 아이의 뜻이 어떻든 반드시 하도록 만드는 것인데요. '아들러 철학'에 바탕을 둔 '긍정 훈육'에서 나오는 용어입니다.

당연한 것은 무시하는 게 오히려 존중하는 것입니다. 아이가 할 수 있다는 믿음을 갖고 있다는 의미이니까요. 관철하는 방법도 여러 가지가 있습니다. 아이의 질문에 침묵으로 답을 하는 것입니다. 때로는 입을 다무는 것이 더 효과적일 때가 있으니까요. 혹은 정확하고 짧게 "우리 약속을 다시 생각하고 결정해 봐."라고 말합니다. 싫다고 반항을 계속한다면 말하지 않고 비언어적인 방법을 사용합니다. 시계를 가리킨다거나, 미소를 보인 후 책을 가리킨다거나, 꼭 안아주고 계획표를 가리킵니다.

하지만 주의해야 할 것이 있습니다. '관철하기'가 실행되기 전에 '동의하기' 단계가 있었어야 합니다. '동의하기'라는 것은 지켜야 할 규칙에 대해 협의했거나, '설명하기'를 통해 그 필요성과 의도에 대해 함께 대화를 나눠본 경험이 있는 것입니다. 그래야 '너는 이미 알고 있잖아. 그러니 엄마는 더 이상 설명할 것도, 규칙을 다시 정할 필요도 없단다.' 하는 메시지를 '관철하기'를 통해 전달할 수 있습니다.

아이의 요구에 일일이 공감해 주다가 아이의 짜증이 배가 될 때가 있습니다. 아이가 말꼬리를 잡고 늘어져 마지막에 소리치게 될 때도 있고요. 혹은 단호함을 유지하지 못하고 결국 마음이 약해져서 허락해 버리기도 합니다. 하지만 이 부분을 보면서 고개를 갸웃하실 수도 있어요. '아니, 언제는 공감해 주라면서, 왜 또 공감하지 말고 무시하는 게 존중하는 거래?'라고 생각하실 수 있어요.

> 그동안 아이가 공감받아 본 적이 거의 없다(부모가 공감을 거의 안 해줬다).
> 부모의 말에 신뢰가 없다.
> 아이가 불안정하고 뾰족한 상태다.

이런 경우에는 공감의 쿠션을 조금 더 쌓아주시면서 신뢰를 회복하는 것이 우선입니다. 규칙을 이미 협의한 문제, 아이도 당연한 거라는 데 동의가 된 문제에 있어서 '관철하기'를 사용해야 합니다. 아이와 있다 보면 어떤 순간에 '공감하기'와 '관철하기'를 해야 할지 느낌이 올 것입니다. '관철하기'를 통해 아이가 짜증을 내다가 나중에 수긍했다면 "규칙을 지켜줘서 고마워.", "역시 우리 아들은 규칙을 지킬 줄 아는 멋진 사람이구나."라고 말합니다.

'관철하기'를 통해서 아이는 부모의 권위와 약속 그리고 규칙을 배우게 됩니다. 무엇보다 책임을 회피하지 않고 핑계 대지 않은 것을 익히게 됩니다.

7. 격려하기 | 용기나 의욕이 솟아나도록 북돋다

우리는 아이에게 '칭찬'을 하고자 합니다. 칭찬할 거리를 찾다 보면 아이의 좋은 점을 알게 되니까요. 칭찬의 의미는 '좋은 점이나 착하고 훌륭한 일을 높이 평가함, 또는 그런 말'입니다. 즉 좋은 점이 있어야 그것에 대해 높이 평가할 수 있습니다.

그럼 격려해 준다는 것은 무엇일까요? "잘할 수 있어."라고 응원해 주는 것? 맞습니다. 격려의 의미는 '용기나 의욕이 솟아나도록 북돋게 하는 것'입니다. 격려와 칭찬은 확실히 다릅니다.

칭찬	격려
결과나 외적인 것에 대한 피드백	내적으로 용기나 의욕을 북돋아 주는 것
외적인 성취 결과에 집중	잘하고자 하는 의도나 노력, 과정에 집중
성공한 경우에 있음	실패한 경우에도 있음

칭찬은 잘한 아이가 더 잘하도록 응원하고 지지한다는 의미이고, 격려는 실패한 아이도 다시 도전할 수 있도록 응원하고 지지한다는 의미입니다. 칭찬과 격려는 힘과 용기를 주면서 나아간다는 면에서 비슷한 기능을 하지만, 성과 결과와 무관하게 응원하고 지지한다는 면에서 격려가 더 순수하고 활용도가 높다고 할 수 있습니다. 잘하는 아이는 이미 결과물 자체만으로 만족감을 얻고 동기를 부여받을 수 있지만, 못하는 아이는 다시 일어설 힘을 잃기 때문에 격려가 더 필요합니다.

격려를 받은 아이들이 '나는 할 수 있어. 나는 도움이 될 수 있어. 나는 영향을 미칠 수 있어.' 하고 생각할 수 있게 됩니다. 그래서 칭찬은 '잘한 나를 인정해 주는 누군가'에 의존할 수 있지만 격려는 '자기 확신'이라는 효과를 가져옵니다.

잘하는 것에 초점을 맞추는 것 외에 조금이라도 성장한 점에 초점을 맞추어 칭찬합니다. "어? 지난번에는 연필도 안 가져오더니 이번에는 연필은 가져왔구나?", "우와, 김치 한 개는 먹었네?"
하고 말입니다.

포기하고 싶어 하는 순간 격려해 줍니다. 너무 힘들어서 도저히
수학 문제를 못 풀겠다는 아이에게 "지금 잘하고 있어. 조금만 더
힘내 보자.", 줄넘기 연습을 하다가 짜증 내면서 멈추려는 아이에
게 "우와! 이렇게나 좋아졌다고?" 격려하면서 좀 더 인내할 수 있
게 해줍니다.

귀찮아서 해줘 버리는 대신에 방법을 알려주고 연습할 시간을
충분히 주는 것도 '격려'입니다. 사실 하나하나 알려주면서, 짜증
부리는 거 달래면서 시키는 게 더 힘들 수 있어요. 방 정리는 스스
로 하기로 약속했는데 안 하고 있습니다. 청소를 하게 해봤자 그
다지 깨끗하지도 않은데 그냥 깨끗하게 청소해 주는 게 편합니
다. 하지만 '격려'하면서 스스로 할 수 있게 해줍니다.

실수를 만회할 기회를 주는 것도 '격려'입니다. 아이가 친구의
시계를 몰래 가져갔습니다. 그걸 알게 되었을 때 바로 혼내지 않
고 "선생님은 우리 서윤이가 용기 있는 사람이라는 거 알고 있어.
정직한 사람이 되는 것은 용기가 무척 필요한 사람이거든." 하고
고백할 수 있도록 격려해 주는 것입니다.

8. 전달하기 | 나의 욕구와 느낌을 전달한다

우리는 욕구와 느낌을 말하는 데 익숙하지 않습니다. 교실 속 아이들 역시 욕구 전달에 익숙지 않은 경우가 있어요.

지민이가 갑자기 눈물을 흘립니다. 성준이가 지민이에게 "빨리 좀 하라."라고 잔소리를 했고 지민이가 알았다고 했는데도 계속 느리게 하자 성준이는 다시 한번 "빨리해!" 하고 소리를 질렀던 모양입니다. 지민이는 분을 이기지 못해 주먹을 쥐고 자기 몸을 쥐어뜯습니다.

"성준이한테 알아서 한다고 그만 말하라고 말했어?"

"아니요."

지민이는 자기 욕구나 느낌 전달, 표현에 서툴러 자학까지 하는 것이었어요.

"그럼 성준이한테 말하는 거 연습해 보자. 성준아, 나한테 그만 말해. 네가 자꾸 그렇게 말하면 듣기 싫고 속상해!"

이렇게 연습했다고 바로 되는 것은 아닙니다. 하지만 연습하다 보면 나아집니다.

"지금 뭐 하는 거야?", "왜 그렇게 이기적이야?", "왜 너는 항상 그래?", "딴 애들은 학원에 더 다녀."라는 말에 욕구나 느낌의 전달은 전혀 없습니다. 비난하고 비교하면 아이는 자기방어만 하게 됩니다. 그러면 어떻게 하는 게 욕구를 전달하는 걸까요? 보통 '나는 내 느낌이나 욕구 전달에 익숙한데?'라고 생각하실 수도 있는데요. 아이에게 하는 말을 한번 살펴보세요.

"네가 할 일을 안 하면 엄마는 걱정돼."

"학원비 남아서 학원 보내는 거 아니야. 엄마는 네가 그렇게 학원 안 가면 속상해."

이것은 흡사 나의 느낌을 전달하는 것처럼 보입니다. 하지만 내 느낌과 욕구를 전달하기보다는 아이 탓을 하는 것입니다.

아이의 행동이 나를 속상하고 걱정하게 하는 것이 아니라, 나의 욕구가 나를 속상하게 하는 것입니다. 욕구가 없었다면 속상하고 걱정되는 느낌도 없었을 것입니다. 예를 들어, 남편이 결혼기념일을 잊어버려서 속상했다고 해봐요. 이때 남편이 결혼기념일을 잊어버린 행동이 나를 속상하게 만든 게 아니라 그날을 기념하고 함께하고 싶은 욕구가 나를 속상하게 만든 것입니다. 남편이 기억하든 말든 함께할 만큼 관계가 좋은 것이 아니면 친밀함의 욕구가 없을 테고 속상한 마음도 들지 않을 것입니다. 관계의 친밀도는 그 사람에 대한 나의 기대, 욕구, 믿음에 의해 결정되니까요.

타인의 행동 → 나의 느낌

타인의 행동 → 나의 욕구 → 나의 느낌

너 때문에 내가 속상하다는 식의 표현은 나는 엄마를 속상하게 만드는 아이라는 메시지를 전달합니다. 그러므로 내 느낌과 욕구가 무엇인지 정확하게 인지하고 "나는 ○○을 원해(필요로 해). 그래서 ○○을 느껴."로 전달해 봐야 합니다.

"엄마는 네가 스스로 할 일을 하는 것을 원해. 그래서 그러지 않은 모습을 보면 걱정돼."

"엄마는 네가 학원에 다니는 기회를 쉽게 생각하지 않기를 바란다. 그래서 학원에 안 가려고 하는 모습을 보면 속상해."와 같이요. 이는 평소에 나의 욕구와 느낌이 무엇인가 생각하는 것이 자유로워야 가능합니다.

또 욕구를 전달한다고 할 때 "책임감을 가지면 좋겠다.", "아침에 조금 부지런해졌으면 좋겠다."처럼 추상적으로 말하지 않고 "매일 아침 7시 30분에는 일어났으면 좋겠다.", "매일 하기로 한 숙제는 8시까지 끝냈으면 좋겠다."처럼 구체적으로 말하는 것이 좋습니다.

욕구를 전달한다는 것은 부탁한다고 볼 수도 있는데요. 그렇다면 부탁과 강요의 차이는 무엇일까요? 그것은 거절했을 때의 반응에 따라 나뉩니다. "나 이것 좀 빌려줘."라고 했는데 "내가 소중하게 생각하는 거라 안 될 것 같아."라고 거절했다고 해볼게요. 그때 "별것도 아닌 것 가지고 잘난 체하냐?"라고 하면서 비판했다면 그건 강요가 됩니다. "그렇구나. 알았어." 하고 거절을 받아들이면 부탁이 됩니다. 거절했을 때 비난하거나 비판하면 그건 강요입니다. 단순히 부탁하는 말투를 썼다고 부탁이 되는 건 아니라는 것이죠. 이것으로 우리는 두 가지를 생각할 수 있습니다.

1. 아이가 반드시 해야 하는 것은 부탁하지 않는다.
2. 아이가 거절할 수 있는 것을 아이에게 부탁했을 때
   거절한다고 해서 비난하지 않는다.

반드시 오늘 해야 할 숙제를 시키는 상황에서 아이에게 부탁한다면 어떨까요? "숙제 좀 할 수 있니?"라는 말에 아이가 "싫은데요."라고 답하면 "오늘 안 하면 내일 학교 가서 혼나려고 그래? 엄마 숙제야? 혼나도 네가 혼나는 거지?" 이런 비난의 말이 당연히 나가겠죠? 즉 이는 부탁할 만한 문제가 아니라는 것입니다. "오늘 숙제 알고 있지?" 혹은 "숙제해라.", "숙제하다가 모르는 거 생기면 알려줘."라고 말하며 숙제하라는 메시지를 분명하게 전달해야 합니다.

같은 의미로 아이가 방을 치워야 하는 상황이 아닐 때 "지금 방 치워줄 수 있어?"라고 부탁했어요. 그때 아이가 "지금은 못해요."라고 답해도 화를 내지 않아야 하죠.

9. 경험하기 | 자연적인 결과를 경험하게 한다

우리가 아이와의 관계 악화를 감수하면서까지 쓰디쓴 잔소리를 하는 이유는 배움을 주기 위해서입니다. 하지만 가장 큰 배움은 '경험'에서 나옵니다. 자연적인 결과를 경험하게 하는 것이 생각보다 쉽지 않아요. 예를 들어, 아이가 학교 숙제를 하지 않아요. '약속하기', '욕구 전달하기' 등 다양한 방법을 시도했는데도 잘 안 되었습니다. 그래서 문제집을 가지고 와서 책상에 두고 억지로 자리에 앉혀서 엄마가 보는 앞에서 빨리하라고 으름장을 놓습니다. 아이에 대한 믿음이 점점 사라지면서 비난하는 말이 나갑니다. 억지로 숙제를 시키는 것보다 효과적인 게 있습니다. 숙제하지 않아서 학교에서 곤란함을 겪는 것이 숙제하지 않은 것에 대한 자연적인 결과입니다(교실에서 교권에 회복되어야 하는 이유이기도 합니다). 그것을 경험하는 것이죠.

추운데 얇은 옷을 입겠다고 떼를 쓰는 아이에게 저는 억지로 옷을 입히지 않습니다. 다만 몰래 챙겨가기는 해요. 밖에 나가서 얼마 있지 않아 아이는 후회합니다. 추운 날씨에 얇은 옷을 입은 것에 대한 자연스러운 '대가'를 톡톡히 치르는 것이죠.

학교에서 준비물을 가지고 오지 않아 엄마에게 전화해서 가져오게 만드는 학생들이 많습니다. "엄마, 오늘 물총놀이 하는데 물총을 안 가지고 왔어요.", "엄마, 실내화를 안 가지고 왔어요.", "엄마, 수학 익힘책 숙제한 거 안 가지고 왔어요." 이런 아이의 호출에 엄마는 정신없이 달려오세요. 자연스럽게 나의 행동에 대한 결과를 배워야 하는데, 그 경험을 빼앗는 것입니다. 왜일까요? '혼자만 물총이 없으면 얼마나 속상할까?', '실내화가 없으면 발이 차가워서 어떡하지?', '숙제 안 가져왔다고 혼나면 어떡하지?' 아이가 안쓰럽기도 하고 걱정되기도 해서입니다. 혹은 '선생님이 나를 아이 숙제도 안 챙기는 엄마로 보시면 어떡하지?' 하는 생각이 들기도 하고요. 아이의 호출에 이렇게 말해 보세요.

"네 문제를 스스로 해결할 수 있을 거라 믿는다."

앞으로 아이는 절대 자기 물건을 놓고 가지 않을 것입니다. 설사 놓고 간다 한들 방법을 찾으려고 노력하고 자기 행동에 책임을 질 것입니다.

급식실이 없어 교실에서 배식을 하는데 학생이 실수해서 반찬통을 다 쏟았어요. 아이는 제 눈치를 보면서 혼날 준비를 합니다. 하지만 자신의 행동에 대한 결과를 책임지는 과정을 자연스럽게 경험하면 됩니다. 그뿐입니다. 그래서 말해요.

"어떻게 해야 할까? 친구들이 먹어야 하니 급식실 가서 다시 받아오고 네가 흘린 것은 치워야겠지?"

아이는 자신의 행동에 대해 자연스러운 결과를 경험하며 책임을 졌습니다.

옳지 않은 행동을 할 때 옳은 행동을 경험할 기회를 주는 것도 '경험하기'에 해당합니다. 밥을 먹을 때마다 식탁에 가장 늦게 앉는 아이에게 '식탁 도우미' 역할을 주어 가장 빨리 올 수밖에 없게 만듭니다. 더불어 빨리 와서 식탁을 정리하고 수저와 반찬을 놓는 역할을 하면 늦게 오는 가족을 기다리는 마음도 자연스럽게 느껴보게 됩니다.

자기 빨래는 직접 세탁기에 넣자고 했는데 자꾸 지키지 않는 아이에게는 '우리 집 세탁소 사장님' 역할을 줍니다. 집에 돌아다니는 빨래를 세탁기에 넣는 역할을 하는 것이죠. 가능하면 빨래가 다 찬 세탁기를 돌리는 역할을 하는 것까지 주면 좋고요. 그러면 빨래를 세탁소에 제때 넣지 않는 것이 얼마나 귀찮은 일인지 직접 경험하게 됩니다.

단순한 비난보다는 문제를 해결하는 데 초점을 맞추자고, 그러기 위해서 함께 규칙을 협의하는 것에 대해 계속 강조했습니다. 규칙을 지키지 않았을 때 어떻게 책임질지도 함께 이야기했고요. 스마트폰을 사용하는 시간을 지키지 않으면 하루를 반납하기로 했다면 그 규칙을 지킬 수 있도록 일관성을 유지하는 것 역시 '경험하기'에 해당합니다. 이때 단순한 처벌은 아니어야 합니다. 스마트폰을 사용하는 시간을 지키지 않아서 반성문을 쓰는 것은 스마트폰과 관련이 없는 단순한 처벌에 해당되겠지요. '경험하기'는 아이가 책임을 지는 방법을 알려주는 것입니다.

10. 신뢰하기 | 믿는 마음을 전달한다

제가 학생들이나 아이에게 자주 사용하는 말 중 하나가 "알지?" 입니다. 예를 들어, 당번인 학생이 당번 활동을 하고 있지 않습니다. 이때 "서윤아, 당번 활동 안 하니?", "서윤아, 당번 활동해라." 라고 하기 보다 "서윤아, 오늘 당번인 거 알지?"라고 물어요. 깜빡 잊었더라도 "아, 아. 알죠."라고 말하고 당번 활동을 시작합니다. "도훈아, 오늘 수학해야 하는 거 알지?" 하고 물으면 "네." 하고 대답하고 수학 공부를 합니다. 물론 "몰라요!"라고 할 수도 있어요. 하지만 나는 '네가 오늘 해야 할 일을 알고 있다는 것을 믿고 있어.'라는 메시지를 전달하는 것입니다. 그래서 "알지?"라고 하는 건 생각보다 성공 확률이 높은 방법입니다.

비슷한 맥락으로 "없지?"도 있어요. 학습지를 풀어야 하는데 "다 안 한 사람 없지?" 이렇게 묻는 거예요. 집에서도 "오늘 밥 남길 사람 없지?", "오늘 책 안 읽는 일은 없겠지?" 이렇게 물어요. 역시 '너는 밥을 남김없이 골고루 먹을거라는 걸 믿는다', '너는 책을 읽을 거라는 걸 믿는다.'라는 것을 은근하게 전달하는 거예요.

아이들이 "몰라요.", "싫은데요." 하면서 반항하거나 짜증 낼 때가 있습니다. 그럴 때는 "서윤이의 진짜 마음은 그게 아니잖아. 선생님은 알고 있어."라고 말합니다. 그러면 크게 두 가지 반응이 나타나요. 뭔가 나의 진심을 인정받는 것 같아서 감동하는 아이들, 또 뭔가 마음을 조종당하는 것 같아서 불쾌한 마음을 드러내는 아이들.

"아니거든요." 이렇게 또다시 반항하면 감히 '내가 믿어줬는데 너는 그렇게 반응해?'라고 화내지 마세요. "너도 모르는 너의 잘하고 싶은 마음이 있단다.", "네가 아니라고 해도 엄마(선생님)는 믿고 있어.", "잘하고 싶은 마음은 누구나 있어. 그것을 발견하고 스스로 믿어주고 물을 주면서 키워주느냐, 아니냐의 문제일 뿐이지."와 같이 말해 줍니다.

만약 아이가 수업 시간에 집중하지 않아요. 그러면 바로 "떠들지 말아라."라고 말하기 전에 "무슨 일 있니?"라고 물어요. 그 안에는 '너는 수업 시간에 집중하지 않을 사람이 아닌데 집중하지 않은 것은 다른 불편한 게 있기 때문이다.'라는 믿음을 전달하는 거예요. 그러면 정말로 몸이 안 좋은 경우도 있고요. 집에서 안 좋은 일이 있는 경우도 있어요. 물론 이유가 없는 경우도 있죠. "아니요. 별일 없는데요."라고 말하면 "집중할 수 있는 마음이 흐트러지는 문제가 생겼네."라고 한마디 해줘요.

친구를 놀린 학생을 불러 말합니다. "무슨 일이 있어서 친구를 놀렸어?", "어떻게 하다가 친구를 놀리게 됐어?", "어떤 게 친구를 놀리게 만든 거야?" 이렇게요. 공통점이 뭔가요? '너는 친구를 놀릴 사람이 아니라는 믿음은 내게 여전히 있다. 하지만 무슨 일이 있어서 그런 행동을 하게 되었는지 궁금하다.' 하는 의도로 말을 하는 것이지 왜 그러는지 따지는 게 아닙니다. 미세한 차이지만 아이는 그 믿음을 전달받고 편안하게 말을 꺼냅니다.

믿음을 전하는 또 다른 방법은 '오늘', '갑자기'라는 부사어를 사용하는 것 입니다. "오늘따라 왜 이렇게 떠들지?", "어? 갑자기 말투가 왜 이럴까?"라고 말하면 아이는 슬며시 꼬리를 내립니다. '아, 나는 평소에 떠드는 아이가 아니구나.', '아, 나는 말투가 반항적인 아이가 아니구나.', '적어도 부모님(선생님)은 그렇게 나를 믿고 있구나.'라고 생각하는 것이죠.

"나는 너를 믿어."라고 직접 말을 하는 것도 믿음을 주지만 이런 사소한 말투 하나하나가 은근하고 효과적으로 믿음을 전달합니다. 여기 나오는 모든 말이 내 아이에 대한 '믿음' 없이는 불가능합니다. 실패에 대해 격려해 주고, 문제를 해결하는 기회를 주는 것은 모두 믿음을 통해 이루어지는 것입니다. 믿는 만큼 성장한다는 말은 정말 맞습니다.

부모의 믿음을 딛고 아이의 공부 정서는 싹을 내립니다.

부모와 아이가
함께 성장하는 길

어떠셨나요? 30가지 속에 아이에게 자주 했던 말이 들어 있나요? 이 책을 읽으며 어린 시절, 현재 상황, 나의 마음을 돌아보는 시간이 되었나요? 내가 아이를 키우는 것이 아니라 아이가 나를 키우는 것이라는 말 들어보셨는지요? 이 말이 처음에는 잘 와닿지 않더라고요. 그런데 아이가 문제 행동을 할 때 그 문제를 해결하려고 노력하는 과정 속에 필수적으로 저의 마음과 행동도 함께 고치는 과정이 필요했습니다.

아이 역시 부모가 믿고 의지할 만한 사람인지 아닌지를 생각해요. 물론 아이라는 존재는 부모에게 실망해도 다시 믿어줍니다. 처절한 실망이 반복되기 전까지는 말이죠. 부모를 믿고 싶은 마음을 간직하고 끊임없이 확인하면서 기다리고 기대합니다. 그게 안 되는 것을 수없이 확인한 후 마음을 닫지요.

부모가 하는 말이 그 과정입니다. 무심결에 내가 자주 들어왔던 말로 아이를 정신 차리게 하려다가 정신을 차리기는커녕 믿고 의지할 수 있는 존재가 아님을 확인시켜 주는 일은 없어야 합니다.

우리는 아이에게 할 수 있는 말의 레퍼토리를 확장하는 방법을 연습했습니다. 하지만 이러한 말을 하려면 부모 마음에 여유가 있어야 합니다. 지금 내 마음이 전쟁통인데 아이에게 이성적으로 이상적인 반응을 할 수 있을까요? 내 마음을 평온한 호수로 만들고 나서야 가능할 것입니다. 다음 10가지로 감정에 유능한 부모가 되어 내 감정을 조절할 수 있도록 마음에 공간을 만들어 보도록 해요. 내 자신을 성장시켜야 곧 아이의 공부 정서도 성장시킬 수 있습니다.

1. 내 감정의 주인 되기

불편한 감정이 올라온다면 감정의 정체를 알아보세요. 하지만 주의할 점이 있어요. 감정에는 일차적 감정과 이차적 감정이 있거든요. 일차적 감정은 진짜로 자신이 느꼈던 핵심적인 감정을 말하고 이차적 감정은 일차적 감정을 느끼기가 불편할 때 좀 더 받아들이기 쉬운 다른 감정으로 바꾸어 느끼는 감정을 말합니다. 엄격하고 무서운 엄마에게 분노를 느꼈지만, 화를 낼 수 없어서 불안이나 우울이란 감정으로 바꿀 수 있어요. 아이가 공부를 안 하자 불안함을 느꼈지만 들키고 싶지 않아 '화'로 바뀔 수 있습니다. '화가 난다.' 안에 들어 있는 나의 진짜 핵심 감정이 무엇인지 알아야 하죠.

알아차렸으면 내 감정에 '외로움', '배신감', '서러움' 등의 이름을 붙입니다. 이름이라는 게 참 놀라운 힘을 갖고 있습니다.

감정을 표현하다 보면 해소되기도 하지만 어떨 때는 더욱 강한 감정이나 충동이 올라와 뭔가 밖으로 분출하고 발산하고 싶은 욕구가 느껴질 때가 있습니다. 갑자기 눈물이 펑펑 쏟아진다거나 소리를 지르고 싶다거나 글을 쓰고 싶다거나 하는 식으로 말이죠. 부정적인 감정을 표출하지 못할 때 몸은 긴장합니다.

자신을 달래고 진정시킬 수 있는 회복의 방법은 다양합니다. 베개를 내려치거나, 코인 노래방에서 노래를 부르거나, 친구에게 하소연하거나, 울거나, 일기를 쓰거나 하면 감정 에너지가 밖으로 배출되어 평온한 상태로 돌아옵니다.

감정을 해소하는 작업을 하면 더 이상 감정을 억누르지 않아도 되고, 자신의 감정을 받아들이고 인정하게 됩니다. 감정의 주인이 온전히 내가 되는 것이죠.

2. 어린 시절과 화해하기

과거의 감정 경험은 앞에서 말했던 내면아이와 연결될 수 있습니다. 내가 받은 상처와 부모에 대한 감정을 그대로 느껴주는 자기 대화(셀프 토크)를 해보는 것이 도움이 됩니다.

"매번 나에게 소리 지르면서 혼냈던 아빠가 원망스러웠어. 1등 성적표를 가져가도 제대로 칭찬해 주시지 않았던 아빠가 미웠어. 나도 사랑받고 싶고 인정받고 싶었어." 이렇게요. 그리고 부모님이 있다고 생각하고 하고 싶은 말을 해보는 것입니다. "아빠! 나 칭찬 좀 해주지 그랬어! 소리 지르지 말고 따뜻하게 말 한마디 해주지!"

이렇게 감정을 분출하다 보면 부모님이 이해될 수도 있습니다. '그래, 아빠가 그때 먹고 사느라 너무 힘들었지. 아빠도 어린 시절 제대로 사랑받아 본 적이 없으니 어떻게 해야 할지 몰랐을 거야.' 물론 여전히 부모님이 이해되지 않을 수도 있어요. 그래도 어린 시절의 나를 보듬어주면 이제는 내가 받고 싶었던 사랑을 아이에게 주는 여유도 생길 것입니다. 억압된 감정을 꺼내어 만나는 과정이 힘들다면 전문가의 도움을 받을 수도 있어요. 단, 지나치게 반추하지는 마세요. 나를 보듬어주었다면 이제는 현실의 감정을 느끼면서 하루하루 열심히 살아가야겠지요?

3. 나를 수용해 주기

분명히 지금 후회하는 일일지라도 그 당시에 내가 그것을 선택한 데는 이유가 있었을 것입니다. 충족되지 않은 욕구가 있었을 것이고, 충족하고 싶은 욕구가 있었을 것입니다. 지금은 후회하지만, 당시 친구와의 친밀한 관계가 중요했을 수도, 타인의 인정이 더 필요했을 수도 있습니다. 그 당시에 내가 어떤 것을 원했구나 하고 나의 욕구를 스스로 공감해 주는 것이죠. 자책이나 자기 비난을 하면서 수치심과 자기 혐오감을 느끼기보다는 욕구를 인정해 주어야 나 자신과 연결될 수 있습니다.

"아이가 내 말대로 따라주어 잘하고 있다는 만족감을 느끼고 싶었구나."

"몸이 피곤해서 쉬고 싶었구나."

"많이 불안해서 안정적인 상태를 원했구나."

"남편이 인정해 주기를 원했구나."

욕구가 인정되면 스스로 미웠던 마음, 후회되는 마음, 자책하는 마음이 녹습니다. 그 누가 인정해 주어야 하는 것이 아닙니다. 보통은 친밀하게 지내고 싶은 욕구, 자율적으로 독립되어 결정하고 싶은 욕구, 안락하게 안정적으로 지내고 싶은 욕구 등이더라고요. 나의 진짜 욕구를 들여다보면 하소연이나 자기 연민을 하는 데서 문제 해결 쪽으로 한 발짝 나아갈 수 있습니다.

4. 유연해지기

'통제적, 비판적 부모 자아'가 더 발달되면 '해야 한다.', '하지 않으면 안 된다.'라는 생각을 더 많이 합니다. 어떤 사건의 잘잘못을 가리지 않으면 마음이 편치 않고, 지적하고 잔소리하고 싶은 마음이 자꾸 들고, 나에게도 타인에게도 비판, 질책, 비난을 자주 합니다.

이런 경직된 생각의 패턴은 근거가 있어서가 아니라 단지 자주 반복되어 익숙하기 때문에 계속되는 경우가 많습니다.

세상에 '반드시', '절대'는 없습니다. 규칙이 너무 없는 것도 문제지만 지나치게 규칙을 강조하는 것도 유연함이 부족한 것입니다. 경직된 생각을 하고 유연함이 부족하다면 불필요하게 많은 갈등을 아이와 빚고 있을 수도 있습니다.

"-해야 해!" → "-하자."로 말투부터 바꿔보세요. '항상'을 사용해서 표현하고 생각했던 것을 '퍼센트'로 바꿔보세요. "나(너)는 '항상' 이 모양이야. → 10번 중에 3번은 못 지켰네. 그래도 70퍼센트는 진행시켰네."로요.

5. 나의 선택 인정하기

지금 처한 상황은 내가 만든 것입니다. "우리는 어떤 가정과 부모 밑에서 자랄지 선택할 수 없잖아요. 무기력하게 당할 수밖에 없는 사고가 얼마나 많은데요." 하고 말씀하실 수 있어요. 맞아요. 하지만 그 상황에서도 어떤 태도로 어떻게 살아갈지는 스스로 결정합니다.

직장을 그만두고 창업하면서 멋지게 살고 싶은데 생계형 맞벌이라서 못하고 있어요. 이것도 결국 '도전'보다는 '안정'을 선택한 것이죠. 상사가 시켜서 어쩔 수 없이 했던 일도 사실은 해고되고 싶지 않아서, 소속되고 싶어서 선택한 것입니다.

아이를 돌봐줄 사람이 없어 커리어를 포기하고 전업주부로 살면서 억울한 마음이 든다면 이 상황은 어쩔 수 없는 걸까요? 사실은 아이에게 정서적인 안정감을 주고 싶어서 선택한 것입니다. 남편이 원했다고요? 그것 또한 평온한 가정을 선택한 것입니다. 내가 선택한 사실임을 인정하면 삶에 대한 억울함, 괜한 피해의식이 사라지더라고요. "해야만 했다.", "○○ 때문에 어쩔 수 없었다." 하는 말을 "나는 ○○을 원하기 때문에 내가 선택했다."로 바꾸어서 표현해 보는 것이 필요합니다.

6. 긍정적으로 생각하기

뇌 속에서 자주 다니는 길은 점점 더 넓어지고, 잘 다니지 않는 길은 좁아지다가 아예 끊어져 버립니다. 따라서 부정적인 생각을 자주 하는 사람들은 부정적인 생각의 길이 점점 넓어집니다. 방향을 전환시켜 긍정적인 생각의 길을 자꾸 열어주다 보면 긍정적으로 바뀔 수 있습니다. 모든 일은 그 일에 어떤 의미를 부여하느냐에 따라 전혀 다른 감정으로 나타날 수 있으니까요.

모든 것에는 양면이 있습니다. 좋은 점도 있고 나쁜 점도 있는데, 어느 쪽을 보느냐는 내가 결정하는 것이지요. 어떤 경험이든 배움을 주지 않은 경험은 없습니다. 하지만 너무 힘들면 그렇게 생각하는 것도 사치더라고요. '정신 승리', '합리화'를 하는 게 억지스럽고 슬프기도 했고요. 그런데도 다시 일어설 힘은 그 정신 승리에서 온다고 생각하게 되었습니다. 자주 떠오르는 부정적인 생각을 긍정적인 생각의 연결고리로 만들어보세요. 그리고 생각의 전환을 연습해 보세요. '○○할 수 있어 다행이다, 배웠구나.' 이렇게요. 경제적으로 여유가 없어 집밥만 먹는다고 생각하면 괜히 짜증이 나지만 조미료 범벅인 외식을 먹지 않고 담백하고 건강한 밥을 먹을 수 있어 다행이라고 생각하면 같은 밥도 더 즐겁게 먹을 수 있는 법입니다.

7. 시간 확장하기

시간을 확장해서 마음의 여유 공간을 확보해 보세요. 무슨 의미냐 하면, 지금 힘들다면 한참 후의 미래를 상상해 보는 것입니다. 생각해 보세요. 아이가 어릴 때 '공갈 젖꼭지를 어떻게 떼지? 기저귀를 어떻게 떼지?' 하고 고민했는데 이제 그런 고민은 전혀 하지 않잖아요. 지금 하는 아이나 자신에 대한 고민 역시 시간이 가면 저절로 사라집니다. 모든 문제는 이 또한 지나가게 되어 있습니다.

8. 공간 확장하기

시간의 확장뿐 아니라 공간의 확장도 가능합니다. 내가 겪는 고통이 나만의 고통이 아님을 알 때 우리는 위로받습니다. 고민하는 문제가 있다면 비슷한 고민을 하고 있을 다른 사람들과 생각을 공유할 수 있습니다. 만나는 게 힘들다면 그들의 고민을 인터넷 커뮤니티에서 보는 것만으로도 위로가 되니까요. 나와 같은 고민을 하는 사람들에게 따뜻한 말을 건네보면 그 마음이 나에게로 돌아오는 걸 느끼게 될 것입니다.

9. 작은 성취 만들기

작은 성취, 성공이 아이에게만 좋은 것은 아닙니다. '오늘 예쁘게 옷을 잘 차려 입고 화장을 했다, 관심 있는 책을 한 권 다 읽었다, 블로그에 글 한 편을 썼다, 운동 일주일 하기를 완수했다.' 등과 같이 나만의 작은 목표를 만들어 성취해 보는 것입니다.

10. 명상하기

자녀교육의 끝은 결국 '명상'으로 끝나더라고요. 관계 속에서 생긴 감정의 찌꺼기를 아이에게 함부로 털어내지 않기 위해서라도 명상이 필요했습니다. 저는 명상을 하는 전문적인 방법은 모릅니다. 다만 눈을 감고 감정을 흘려보내는 연습을 해보고 있습니다. 종교가 있다면 그 도움을 빌려서 기도할 수도 있습니다. 흘려보낼 것을 잘 흘려보내는 것, 그것이야말로 우리 아이와 행복한 내일을 새롭게 채우는 방법이 아닐까 싶습니다.

생각의 전환은 마음먹는다고 쉽게 되지는 않습니다. 생각은 좀처럼 불만과 후회, 부정의 구렁텅이에서 나오고 싶어 하지 않습니다. 하지만 알아차리고 의식적으로 노력을 하다 보면 생각의 전환 시간이 짧아지고 횟수도 더 많아지는 것을 느낄 수 있습니다.

어린 시절을 한 번 더 살게 해주고, 더 괜찮은 사람이 되게 만들어준 나의 아이와 학생들에게 감사함을 전합니다. 안정적인 공부 정서를 위해 모두를 응원합니다.

기분 상하지 않게 공부시키기 위한 부모의 대화법

초등 공부 정서보다 중요한 것은 없습니다

초판 1쇄 발행 2024년 8월 21일
초판 3쇄 발행 2024년 9월 27일

지은이 이서윤
펴낸이 민혜영
펴낸곳 (주)카시오페아
주소 서울특별시 마포구 월드컵로14길 56, 3~5층
전화 02-303-5580 | **팩스** 02-2179-8768
홈페이지 www.cassiopeiabook.com | **전자우편** editor@cassiopeiabook.com
출판등록 2012년 12월 27일 제2014-000277호

ⓒ이서윤, 2024
ISBN 979-11-6827-218-7 03590

- 잘못된 책은 구입하신 곳에서 바꿔 드립니다.
- 책값은 뒤표지에 있습니다.